絵でわかる

An Illustrated Guide to Biodiversity

生物多様性

鷲谷いづみ 著
Izumi Washitani

後藤 章 絵
Akira Goto

講談社

ブックデザイン　安田あたる

　生物多様性は，地球にはさまざまな生き物が互いに関係し合いながら暮らしており，私たちヒトもその一員であることを表す「自然との共生」のためのキーワードです。国際的には生物多様性条約と戦略計画，日本国内では，生物多様性基本法と生物多様性国家戦略，地域でも生物多様性地域戦略などにより目標と政策が決められ，NPOや市民が重要な役割を果たし，地球規模，地域規模を問わずさまざまなとりくみが進められています。しかし，多くの生物種が絶滅のリスクを高める一方で，侵略的外来生物が蔓延して生態系を改変させ，湿地や自然林などが開発によって面積を減少させるなど，生物多様性の減少には歯止めがかかっていないどころか，そのスピードが増しつつあります。

　生物多様性条約が，「種内の多様性」（同じ種類の生き物にみられる個性の豊かさ），「種の多様性」（生き物の種類の豊さ），「生態系の多様性」（生き物がつながりあってつくる生態系の種類の豊かさ）を含むものとして定義している生物多様性は，人間社会にさまざまな恩恵をもたらしています。だからこそ，その減少は重要な政策課題のひとつになっているのです。

　私たちヒトを含め，地球上で生きるすべての生物は，40億年近く前に海で生まれた泡粒のような小さな生命体の子孫です。長い生命の進化の歴史を通じて生物が互いにかかわりあいながら時や場所に応じて異なる環境に適応し，偶然も加わり，営みを続けてきた結果が，現在の地球の遺伝子・種・生態系の多様性です。それは，いったん失われればとり戻すことができません。

　環境にみごとに適応したさまざまな生物の形態や行動などの特性は，私たちの生活を豊かで便利なものにするさまざまなヒントも与えてくれます。太古の昔から，ヒトは生物から学びながら「ものづくり」をしてきました。飛行機の発明のもととなったグライダーは，コウノトリの飛翔を真似てつくられました。今では，生物に学ぶ技術，生物模倣技術が新たな工業製品の開発のために重要な役割を果たしています。しかし，生物多様性が失われるにつれ，また，それに目を向ける人が少なくなるにつれ，膨大な多様性を誇る生物に学んで私たちの生活を豊かにすることが難しくなっていきます。

森林，草原，湿地は，水や空気を浄化し，植物体や土壌に有機物として炭素を蓄えて地球温暖化を緩和するはたらきをもつなど，多様な恵みや効用をもたらしてくれます。最近では，「生態系サービス」とも呼ばれる，人間にとっての利益である恵みや効用は，相互に関係しながら生きている多くの生物の連携プレーがもたらすものです。「生物多様性」を保全することによってそれらのはたらきを将来にわたって守ることができます。それは，現世代にとって重要なだけではありません。将来世代の人々が，その恵みを享受し，豊かな暮らしを成り立たせることができるようにするには，生物多様性を損なわないようにすることが大切です。

今では，国際的にも地域においても重要な社会的目標のひとつとなっている「生物多様性の保全と持続可能な利用」のためには，そのための政策がつくられるだけではなく，現場でのさまざまな実践が必要です。それは，生物多様性の成り立ちや現状，その保全のための課題などに関する科学的な知識によって支えられてはじめて成果をあげることができます。本書は，そのための入門書として使っていただくため，生物多様性の科学から政策まで，生物多様性にかかわる多様な事項について，文章とイラストでわかりやすく解説することをめざしました。そして，ぜひ知ってほしいキーワードは太字にして目立たせてあります。本書が生物多様性を知るきっかけになり，それについて考え，行動することに役立つことを願っています。

本書の編集・制作では講談社サイエンティフィクの堀恭子さんと中央大学理工学部保全生態学研究室の永井美穂子さんにお世話になりました。ここに記して感謝の意を表します。

2017年8月

鷲谷いづみ

絵でわかる生物多様性　目次

第3章　生物多様性の危機と人間活動　63

第4章　絶滅のプロセスとリスク　83

第 1 章

生物多様性ってなに?

生物多様性条約で「生命にみられるあらゆる
変異性」と定義されている生物の多様性。遺
伝子, 種, 生態系の多様性を含む。

1.1 生物多様性とは

　生物多様性，英語では**バイオダイバーシティ biodiversity** は，1990 年代に使われるようになった**自然環境保全**のための**キーワード**である。それは，地球には 40 億年近い生命の歴史が生み出し進化させた多様な生物がみられること，それらは互いに関係を結びながら生態系を構成し，人間にとってさまざまな価値をもっていることを，広く人々が認識するためのキャッチフレーズである。豊かな自然には，私たちがすべてを把握しきれないほど多くの生物が生きており，それらの間におびただしい数の**関係**が結ばれ，それにより**生態系のはたらき**が生まれ，私たち人間の生活はそのはたらきに支えられている。そのことを認識するためのこの言葉は，今では地球規模のみならず，地域の自然環境の保全にとっても大切なキーワードとなっている。

　1992 年にブラジルのリオ・デ・ジャネイロで開かれた国連環境会議（通称地球サミット）で採択された**生物多様性条約**では，地球の生命の豊かさを表す言葉として，「生物学的多様性」，英語ではバイオロジカル・ダイバーシティが使われている。このやや堅苦しい科学用語に代え，条約が目標とする多様な生物にしっかりと目を向けた自然環境の保全の考え方を一般に広めるために提案された，いわば「愛称」が，英語の造語バイオダイバーシティである。日本でも，その訳語の生物多様性が使われている。

　生物多様性条約では，第二条「用語」において，「この条約の適用上，「生物の多様性」とは，**すべての生物**（陸上生態系，海洋その他の水界生態系，これらが複合した生態系その他生息又は生育の場のいかんを問わない。）の間の**変異性**をいうものとし，**種内の多様性，種間の多様性**（＝種の多様性）及び**生態系の多様性**を含む。」と定義されている。

　このように，生物にみられるあらゆる変異性として定義される生物多様性は，一度限りの長い**生命の歴史**がつくりだしたものである。その変異を科学的に把握する方法のひとつは，DNA に書き込まれた**遺伝情報**によるものである。最近では遺伝子の分析技術が進歩し，さまざまな生物の**ゲノム**（それぞれの生物がもつ一揃いの遺伝子の集合）の情報が解読されるようになった。今では，その情報にもとづき，生物の種の間の**系統関係**を詳細に描き出すことができるよ

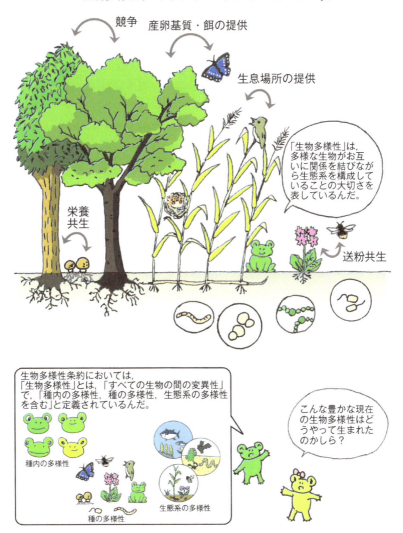

自然環境保全のためのキーワード
生物多様性(バイオダイバーシティ biodiversity)

競争　産卵基質・餌の提供

生息場所の提供

「生物多様性」は、多様な生物がお互いに関係を結びながら生態系を構成していることの大切さを表しているんだ。

栄養共生

送粉共生

生物多様性条約においては、「生物多様性」とは、「すべての生物の間の変異性」で、「種内の多様性，種の多様性，生態系の多様性を含む」と定義されているんだ。

種内の多様性

種の多様性

生態系の多様性

こんな豊かな現在の生物多様性はどうやって生まれたのかしら？

図 1.1　生物多様性とは

うになっている。

　系統関係を図示した**系統樹**の根元に位置するのは，地球の全生物の共通の祖先ともいうべき，LUCA（the Last Universal Common Ancestor）である。

LUCAは，40億年近く前に出現したと推測される**自己複製能**をもつ原始的な単細胞生物であり，**バクテリア**，**古細菌**，**真核生物**という現存する3つの大きな生物グループいずれもの祖先である。

　生物のもっとも本質的な特徴は，**遺伝情報**を**自己複製**して，自分と同じ，あるいはよく似た子孫を生み出すことである。LUCAおよびその子孫も，遺伝情報を複製して子孫を生み，その子孫がさらに子孫を生むことをくり返し，そのくり返しは今日まで続いてきた。DNAの複製は完璧ではなく，ときとして**突然変異**によって親とは異なるゲノムをもつ子孫が生じる。その多くは誕生前に死亡するなどして子孫を残さないが，その環境のなかでよりよく生きて繁殖に成功する子孫，すなわち**環境に適応**した子孫が生まれることもある。環境は場所によっても時代によっても大きく変化し，世代を重ねれば重ねるほど，変異は蓄積して多様性が高まり，多くの異なる系統が分かれた。環境に適応できないものや偶然の効果で子孫を残すことができなかった系統は途絶えたが，それよりも新たに生じる系統が多く，生物は時代を下るにつれて多様化した。

　それぞれの生物をとりまく環境の要素のうち，生物環境，すなわち，生物の間の関係，**生物間相互作用**は適応進化を通じて生物の多様化にとくに重要な役割を果たした。生命の歴史においてとりわけ重要なエピソードは，**真核生物の誕生**である。真核生物の祖先となった生物（細胞）は，のちに**細胞内器官**となる葉緑体やミトコンドリアの祖先である光合成生物や好気性生物を細胞内にとり入れて緊密な共生関係を結び，真核生物を誕生させた。格段に優れたエネルギー代謝を行うことができる真核生物が地球上に生まれたことは，生命史における画期的な出来事であった。それはやがて多細胞の生物を誕生させ，多様な動植物と菌類の進化を準備したからである。

　このイベントに限らず，食べる－食べられるの関係（寄生を含む），競争など，拮抗的な関係だけではなく，さまざまな**共生関係**を含む**生物間相互作用**は，さまざまな**無生物環境要因**と生物との関係とともに，生物の適応進化を介して生物の多様化をもたらした。

　35億年もの長い間，海のなかだけに限定されていた生物の暮らしの場が陸上に広がるには，生態系における主要な生産者となった**維管束植物**（シダ植物と種子植物）の祖先がまず上陸を果たさなければならなかった。葉が必要とする水やミネラルを限られた根の吸収表面で吸収しなければならないという問題の解決に寄与したのは菌類（**菌根菌**）との共生である。

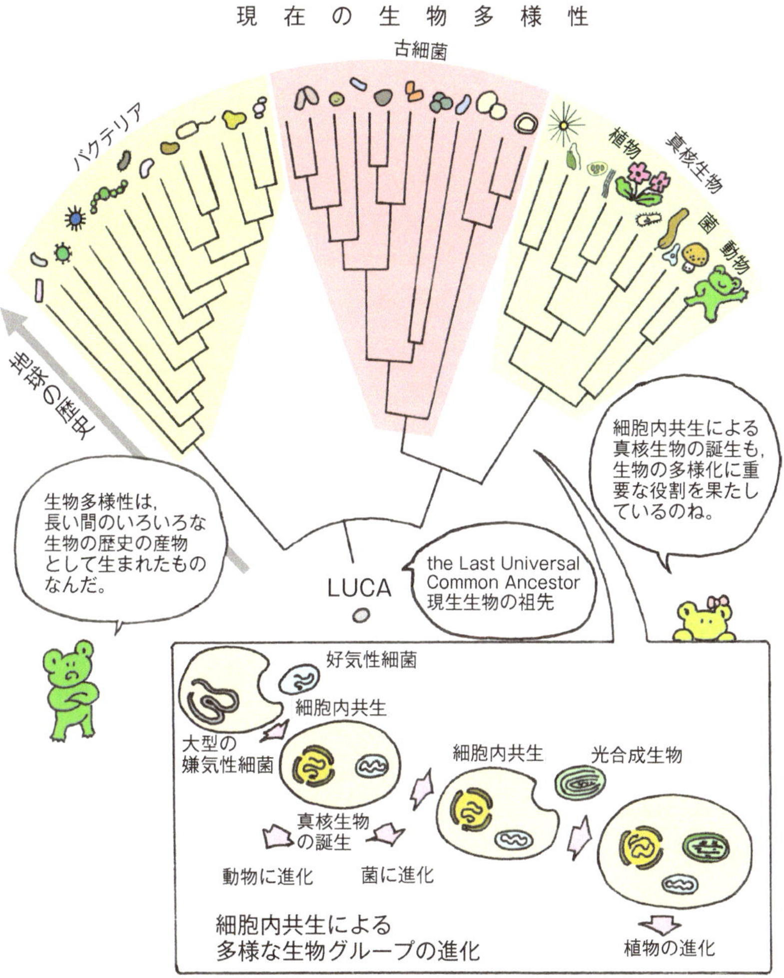

図1.2 地球の生物多様性の発展

　海，陸上，淡水の環境を問わず，生物の間には，さまざまな生物間の関係が
網の目のように張り巡らされている。それらは，それぞれの生物の適応度（個
体が残す子孫の数で測られる生存・繁殖の成功の度合い）を通じて進化の駆動
因となるとともに，生態系のさまざまなはたらきを生み出す**機能のネットワー
ク**をつくっている。生物多様性という言葉からは，多様な生物だけではなく，
それらの間の関係の膨大な多様性をイメージする必要がある。

1.2 種内の多様性(遺伝的多様性)

　生命にみられる多様性のうち，**種内の多様性**は，同じ種に属す個体の間や分布地域ごとのグループ間にみられる**変異**（＝ちがい）を意味する。個体の間にみられる形，大きさ，癖などの行動のちがいなどの変異は，個体を別の個体と区別する**個性**という言葉で表すこともできる。私たちヒトも一人一人顔立ちも性格も体格も異なるが，目には見えにくい体質のちがいなどもある。動物や植物にも個体ごとのちがいが認められる。

　私たちが認識する表現形質の**変異**の背後には，見た目にはわからない多くの**遺伝的変異**が存在する。それら遺伝的な変異のなかには，特定の環境における生存や繁殖に大きく影響する**適応的な変異**がある一方で，生存・成長・繁殖などとは無縁な**中立的な変異**もある。

　ゲノムに大量に含まれている中立的な変異は，**遺伝マーカー**（DNA の特徴ある塩基配列など）で定量的に把握することが容易であり，集団のなかの近縁な個体のグループを見出したり，種内の系統関係を見出すのに役立つ。DNA の分析によって把握される遺伝的変異は，中立的な変異であることが多い。

　これらの変異に，地理的に明らかな構造が認められる場合には，**地理的変異**という。同じ場所で暮らす個体の集まり（群れ，**個体群**という）のなかにみられる変異である個性のちがいと個体群間の変異を合わせたものが**種内の多様性**である。

　イラストに示したような適応的な変異は，個体の生存や繁殖の成否を介して個体群の存続にとっても重要な意義をもつ。もし，環境が不変であれば，自然選択によって，その環境に適応した遺伝的な特性をもつものだけが残されるはずである。しかし，場所が違う，環境が違うといった**空間的な不均一性**や気象条件が年によって変化するなどといった**時間的変動**があれば，多様性が保たれる。個体群のなかに異なる環境条件に適応した個体が存在し，多様性が保たれていれば，環境が変動しても，その環境に適応したものが生き残って繁殖することができるので，個体群が絶滅しないですむ。

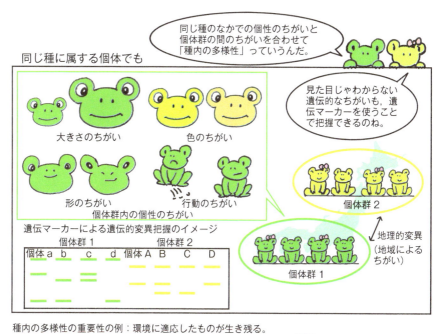

種内の多様性の重要性の例：環境に適応したものが生き残る。

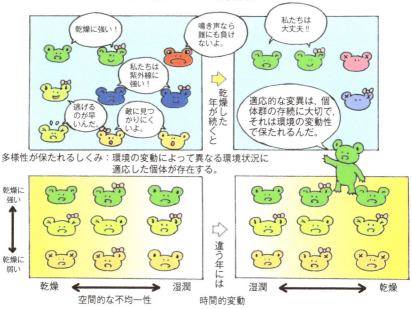

図 1.3 種内の多様性

種の多様性

種の多様性は，生物の種類の多様性である。**種**は，生物の種類分けのもっとも基本的な単位である。

古来，ヒトは，形態や用途などにより身のまわりの生物を分類していた。科学的な分類が行われるようになると，客観的な基準が重視されるようになり，現在では DNA の塩基配列情報にもとづく系統関係をもとにした分類体系が確立している。その体系によれば，生物の種類は，全体として「系統樹」をなす系統関係の全体から階層的にグループ分けされた種群に順次入れ子状に位置づけられる。

種からより上位の階層をたどると次のようになる。近縁な種が集まって**属**を構成し，近縁な属が**科**を構成，近縁な科が**目**として集められ，それらの集合は**門**である。

それぞれの種には名前（ラテン語の**学名**および**和名**）が与えられている。学名は，ラテン語の2語，すなわち，大文字ではじまるその種が含まれる近縁種グループである属の名称（**属名**）と小文字ではじまる種を特定する名称（**種小名**）からなる。

私たち現生人類の和名はヒト，学名は *Homo sapiens*（ホモ・サピエンス）であり，ヒト科ヒト属に位置づけられる。ヒト科は，さらに多くのサルの仲間とともに霊長目を構成し，霊長目は脊索動物門の脊椎動物亜門に属する。

従来，動植物の図鑑などでは形態を主な基準として分類する体系が使われていたが，現在では DNA の分析にもとづく**分類体系**を採用する図鑑が増えている。それは従来の分類とはかなり異なることがある。たとえば，DNA にもとづく植物の新しい分類体系では，かつてユリ科に分類されていた身近な種が，科の上の分類群であるユリ目とキジカクシ目に大きく分かれ，さらにユリ目もいくつかの科に分かれた。エンレイソウ，バイケイソウなどはユリ目シュロソウ科に，チゴユリ，ホウチャクソウはユリ目イヌサフラン科に，スズラン，ナルコユリ，アマドコロ，コバギボウシ，ツルボ，ジャノヒゲなどはキジカクシ目キジカクシ科に位置づけられた。なお，キジカクシ目にはラン科やヒガンバナ科が含まれる。ユリ目ユリ科に残されたのはヤマユリ，カタクリ，ウバユリ，

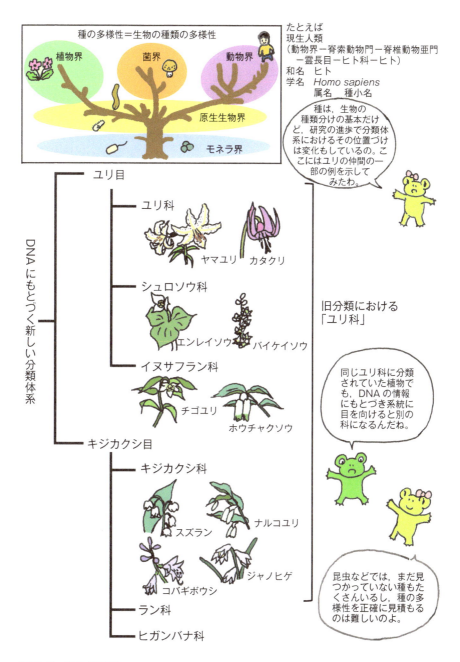

図 1.4　種の多様性

ホトトギスなどである。

　人類がすでに科学的に把握している生物種（分類されて学名がつけられている生物）は200万種ほどにすぎない。しかし，熱帯雨林の昆虫をはじめとするいろいろな分類群の生物，深海生物，微生物などには多くの未知の種が生息していると推測されている。体が大きく目立つ脊椎動物ですら今でも新種が見つかる。そのような現状から，地球上の種数，すなわち種の多様性の全容を見積もることは科学的にはきわめて難しい問題である。発見率（速度）などからの推定がなされているが，分類群ごとに状況が異なる。おおざっぱに見積もり，地球上には科学的に把握されている種（学名がつけられている種）よりも種数にして少なくとも1桁は多い生物種が生息・生育していると考えなくてはならないだろう。

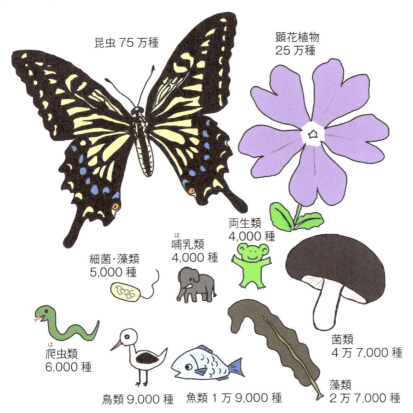

昆虫 75 万種
顕花植物 25 万種
両生類 4,000 種
哺乳類 4,000 種
細菌・藻類 5,000 種
菌類 4 万 7,000 種
爬虫類 6,000 種
鳥類 9,000 種　魚類 1 万 9,000 種
藻類 2 万 7,000 種

図 1.5　分類群ごとの既知種の多さ（おおよその数。イラストの面積はそれを反映）

種の多様性の表し方

特定の空間（地域）の種の多様性は，種数（「種の豊かさ」ともいう）で表すことができる。また，それぞれの種の存在量の均衡も考慮した**多様度**（12頁）で定量的に表すこともある。

種は，存在量も，生態的な特性や生物としての歴史も異なることから，すべてを同じ比重で扱ってひとつの数値とする「種の豊かさ」や「多様度」は，保全のためのデータとしては必ずしも適切ではない。生物種のリストは，地域の種の多様性を表すもっとも基礎的なデータとなる。そのリストに多くの**在来種**（外来種ではなく，本来その地域に生息・生育する種，とりわけ固有種）が含まれているほど種の多様性の点から守るべき場所といえるだろう。

固有種は，世界中でその地方あるいはその国や地域でしか見られない在来種である。固有種は，そこから絶滅すれば地球から絶滅することになるため，種の多様性の保全における重要性がとくに高い種である。

生物多様性が豊かな日本列島には，多くの固有種が生育・生息している。日本列島には両生類61種が生息しており，固有種率は74%にも達する。同じ北半球の温帯の島国である英国には，両生類は7種しか生息しておらず，固有種は0種である。哺乳類についても，英国には固有種が見られないが，日本列島には，陸生のものだけで39種の固有種が生息しており，固有種率は39.4%である。

固有性を考慮した評価により，地球規模で保全を優先しなければならない場所が**生物多様性ホットスポット**である。

日本列島の固有種の例

オオサンショウウオ　　トキ　　ニホンカモシカ　　サザンカ　　ムササビ

多様度指数

　種類が異なるモノが集まることによる多様性は，種類の数でも表すことができる。しかし，種類の間の量的な偏りが大きいと，多様とはいえない。多様性の指標である多様度指数としては，種類だけではなく，量的な偏りもしくは均等度（偏りの小ささ）を加えて表すことができるものがふさわしい。

　そのひとつがシンプソンの多様度指数である。モノの集合から，無作為に2つをとりだしたときにそれが同じである確率を基礎とした指数である。モノの種類が多ければ，2つが同じである確率は低くなる。また，種類の間で量の偏りが小さいほど，同じである確率は低くなる。

　たとえば，赤いカエル（種1）と緑のカエル（種2）が合計10匹潜んでいる池があったとしよう。そのなかから2匹をたも網で捕まえることとする。2匹が異なる種のカエルであれば，2匹とも同じ種であるよりは多様性が高いといえる。もし，赤いカエルが9匹，緑のカエルが1匹いる池であれば，赤いカエルだけ2匹を捕まえてしまう確率は $0.9 \times 0.9 = 0.81$ であるが，緑のカエルだけを捕まえる確率は $0.1 \times 0.1 = 0.01$ であるので，同じ種だけを捕まえる確率は0.82，赤いカエルと緑のカエルが5匹ずつのときは，赤いカエルだけ捕まえる確率も緑のカエルだけを捕まえる確率も $0.5 \times 0.5 = 0.25$ であり，同じ種だけを捕まえる確率は0.50である。多様度はこれらの値を1から引いて，2匹が異なる種である確率で表したものである。すなわち，前者では多様度は0.18，後者では0.50である。

　なお，10匹がすべて異なる種で構成される集団であれば，2匹を捕まえたときは必ず別の種になるので，多様度は1となる。

　シンプソンの多様度指数（D）は，このように構成種の均等度を表す指数である。種の数が S，i 番目の種の個体数が全個体数に占める割合を p_i とした場合，

$$D = 1 - \sum_{i=1}^{S} p_i{}^2$$

で表される。

　多様度指数は，生物群集を構成する種の均等度を考慮した指標として有効ではあるが，社会的な目標としての生物多様性の保全の場面では，多様度での評価が用いられることはほとんどない。生物多様性の保全は，より広い地域にその地域の生物群集を位置づけることが必要だからである。したがって，その地域にしか生息・生育していない「固有性の高い」生物種の保全や固有種を多く含む地域の保全は優先度の高い目標となる。固有種に限らず，その地域を特徴づけるような種や種の組み合わせに注目することが重要である。

多様度指数

$$シンプソンの多様度指数(D)＝1-\sum_{i=1}^{S}p_i^2$$

池1
赤いカエル9匹
緑のカエル1匹

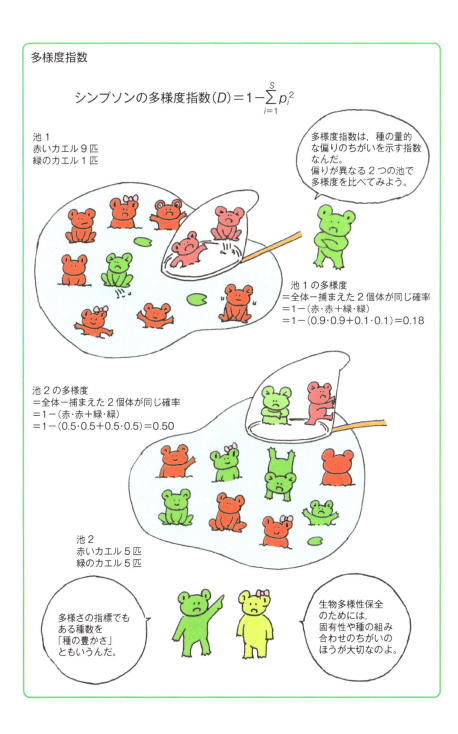

多様度指数は，種の量的な偏りのちがいを示す指数なんだ。
偏りが異なる2つの池で多様度を比べてみよう。

池1の多様度
＝全体－捕まえた2個体が同じ確率
＝1－（赤・赤＋緑・緑）
＝1－（0.9・0.9＋0.1・0.1）＝0.18

池2の多様度
＝全体－捕まえた2個体が同じ確率
＝1－（赤・赤＋緑・緑）
＝1－（0.5・0.5＋0.5・0.5）＝0.50

池2
赤いカエル5匹
緑のカエル5匹

多様さの指標でもある種数を「種の豊かさ」ともいうんだ。

生物多様性保全のためには，固有性や種の組み合わせのちがいのほうが大切なのよ。

1.4 生態系の多様性

　同じ場所で暮らす生物の集合を**生物群集**という。生物群集を構成するそれぞれの種は，相互にさまざまな関係を結んでいる。それは**食べる－食べられるの関係**や，餌・光など，生きるうえで欠かせない**資源の奪い合い**である**競争**のような**拮抗的な関係**だけではなく，花とハナバチのように栄養価のある餌を与えて送粉（おしべの葯からめしべの柱頭への花粉の移送）を助けてもらう，あるいは樹木が鳥に実を与えて種子（タネ）を運搬してもらうなど，互いに必要な資源やサービスを交換する**共生関係**もある。

　さらに，光や水など，生物の生活に多大な影響を与える生物以外の環境要素との関係も含めた**システム**，すなわち，任意の空間範囲において生物群集を構成する生物種および無生物環境要素，それらの間の関係の集合が**生態系**である。

　生態系の多様性は，そのような生態系の種類・タイプの多様性である。生態系を構成する関係に注目すると，種数が増すにつれて，それらの間の関係の多様性は，その何倍・何乗倍にも増す。そのように複雑なシステムとしての生態系を多くの要素に目を向けて把握することは難しいが，生態系のタイプは，植生の概観，すなわち優占する植物がつくる見た目の様子（**相観**）で把握できる。

　私たちが目にする照葉樹林，落葉樹林，湿地など多くの生態系は，自然の作用に人為的な作用が加わって維持されている。人工林や農地など，主に人為的な作用によって維持される生態系もある。里地・里山（さとやま）のように，ある空間範囲に，樹林，草原，池沼，農地など，異なる性質の生態系が多く組み合わされているほど，その**ランドスケープ**における生態系の多様性は高いといえる。

　なお，生物の生息・生育の視点から，生態系の多様性を生息・生育場所の多様性と呼ぶことがある。森林に営巣して農地や草原で餌を採るサシバなどの猛禽類や，幼生は池沼や水田で育ち，成体になると樹林で暮らす両生類や昆虫などの複数の生息・生育場所を利用する生物にとっては，異なる生息・生育場所が適度に混ざり合って**モザイク**をなすさとやまは，その多様性ゆえに生活が可能である。

　地球規模での生態系の多様性は，それぞれの地域に固有な森林や草原，湿原，干潟やサンゴ礁等の海洋の生態系などがそれぞれ十分に残されている状態であ

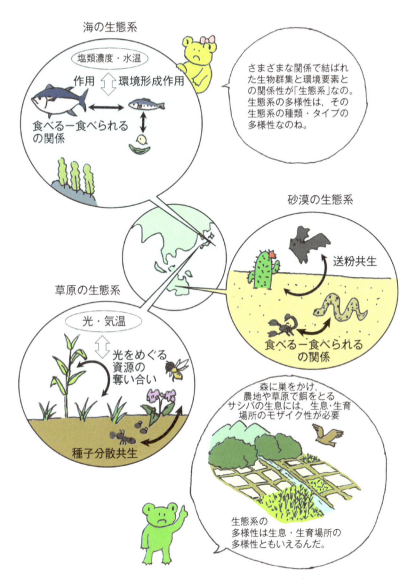

海の生態系

塩類濃度・水温

作用 ⇕ 環境形成作用

食べる—食べられる
の関係

さまざまな関係で結ばれた生物群集と環境要素との関係性が「生態系」なの。生態系の多様性は，その生態系の種類・タイプの多様性なのね。

砂漠の生態系

送粉共生

食べる—食べられる
の関係

草原の生態系

光・気温

⇕ 光をめぐる資源の奪い合い

種子分散共生

森に巣をかけ，農地や草原で餌をとるサシバの生息には，生息・生育場所のモザイク性が必要

生態系の多様性は生息・生育場所の多様性ともいえるんだ。

図 1.6 　生態系の多様性

るといえる。農地が陸地面積の 60 ％を占め，地域に特有な自然林やサンゴ礁などの面積がかつてに比べて著しく減少している現状において，残されている生態系の多様性を保全することは大きな意味をもっている。

1.5 バイオームと人為的改変

　生物群集の構成要素のうち，植物の集合を植物群集（植物群落ともいう），あるいは**植生**と呼ぶ。植生は，そこに優占する植物種の**生育型**（木本か草本か，広葉か針葉か，常緑か落葉か，など）や優占の度合いなどで見た目の姿である**相観**（14頁）が異なり，それにもとづいて**タイプ分け**ができる。

　植生は，気候，地質，地形，土壌，動物との生物間相互作用の影響を受けて空間的にも時間的にも大きく変化する。植生のちがいは，動植物にとっての生息・生育場所のちがいを意味し，そこに生息できる動物や生育できる植物を決める。今日では，植生のタイプ，量，分布にもっとも大きな影響を与えているのは人間による**土地利用**である。

　植物のバイオマス生産と種の分布は，気候の主要な因子である気温と降水量によって大きな影響を受ける。地球上では，その温度環境に応じて熱帯から寒帯まで，降水量によって多雨気候から砂漠気候まで，多様な気候帯がみられる。そのそれぞれに，気候に適応した植物が生育し，よく適応し，競争力も強い種が優占する。気候帯に対応させた生態系（植生）区分を**バイオーム（生物群系）**という。

　バイオームは，植生の相観でタイプ分けされ，優占する植物のタイプに応じて，主に草原あるいは森林としての名称が与えられている。

　それぞれのバイオームは，その人為的な影響の歴史も，本来の脆弱性も異なる。古代からの森林伐採や農地開発などの歴史に応じて，地域ごとに本来のバイオームの生態系が占める面積は大きく異なる。図1.7中のグラフには，それぞれのバイオームの改変された度合いが示されている。

　もっとも大きく改変され，残存する面積の比率が小さいのは，古くから文明が栄えた地中海地方に典型的にみられる地中海性気候のもとに成立するバイオームである。旧世界の地中海性気候の地域では，人間活動の累積的な影響により，すでに古代に大きな改変を受けた。

　ギリシャの哲学者プラトンの著書『クリティアス』の記述によれば，本来のバイオームの特徴を残した自然はすっかり失われており，土壌流亡によって山々には「骸骨」にたとえられる貧弱な植生しか残っていなかったことがわかる。それをプラトンは，「今ではハチの餌しかない山」と表現した。改変され

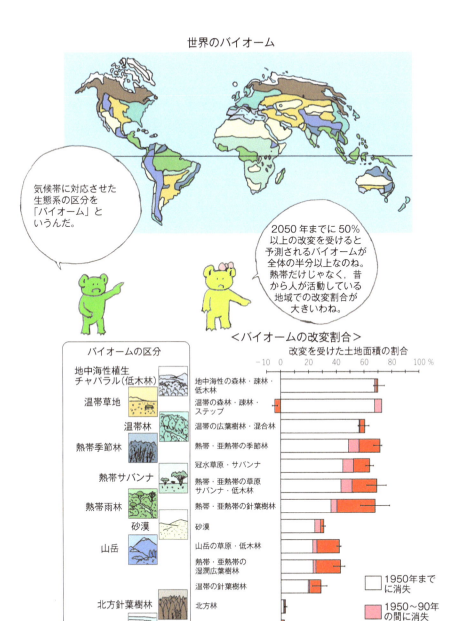

図1.7 バイオームと人為的改変

て森が失われた土地の状態が乾燥した荒地となりセイヨウミツバチの生息に適した環境であったからである。

　夏に高温と乾燥で植物の成長が妨げられる地中海性気候のもとに成立するバイオームは，人間活動に対してもともと脆弱なバイオームのひとつである。そこに文明が栄え，「白亜の崖に青い空と海」でイメージされる人為的改変後の自然が残されたのだ。

　新世界の地中海性気候のバイオームも近年の農地開発などの人間活動による改変が急である。

1.6　生物多様性を保全すべき理由

　地球上に現生人類であるヒトが出現して以降の，人間活動の影響から完全に免れている原生的自然は，今ではほとんど残されていない。また，人間活動は，すでに多くの種を絶滅に導いた。一方で，伝統的な人間活動が自然の作用とも調和して維持されている生態系と生物多様性は，私たち人間にさまざまな恩恵をもたらしてきた。そのような恩恵は，後の世代の人々の暮らしにとっても欠かせないものといえるだろう。

　ヒトにとっての有用性を意味する**使用価値**は，生物多様性を保全すべき主要な理由のひとつである。しかし，地球の生命の歴史とそのダイナミズムを学び，そのかけがえのなさを知れば，誰もが**生物多様性**という言葉に込められた地球の生命システムの存在自体が尊重すべきものであること，すなわち**存在価値**にも気づくことができるだろう。生物多様性の存在価値を守ることは，現在は認識されていないものの将来世代にとっては重要性の高い使用価値を損なわないようにするためにも重要な意義をもつ。

　使用価値を具体的に認識するためのキーワードのひとつが**生態系サービス**（22頁）である。さらに，身のまわりの生物から学ぶことは，ヒトが生きていくうえで直面するさまざまな課題を解決する工夫や発明のアイデアの源泉であることも，直接の利益を生み出す生物多様性の価値のひとつである。生物のもつ優れた形質を模倣する生物模倣技術は，今日，新たな発展の時代を迎えている。

図 1.8 生物多様性を保全すべき理由

column 生物模倣技術隆盛時代

　40億年近くにわたる壮大な試行錯誤を通じて，地球の生物は，地球のあらゆる場所でこれまで直面してきたさまざまな問題への「解決法」を見出した。それらは，自然選択による適応進化がもたらした戦略として，さまざまな環境，さまざまな必要性に対処するための「生物の知恵」ともいうべきものであり，人類にとって莫大な価値と潜在的な利用の可能性を秘めている。

　空を飛ぶことは少なくともギリシャ神話の時代から人類の夢であったが，その夢を叶えるには，鳥の翼を身につけるよりも，鳥の翼に学ぶことが自然である。19世紀のドイツにおいてオットー・リリエンタールは，コウノトリ（ヨーロッパに生息するシュバシコウ）の観察からヒントを得てグライダーをつくり，滑空飛行に成功した。コウノトリの翼を模倣することで，せわしなく羽ばたかなくとも静かに長時間滑空することができるようになった。これにはじまる，鳥に学ぶ空気力学は，航空機の発明・改良を介して，人類にかけがえのない長距離移動の手段を提供している。

　生物に学んでつくられたテクノロジーは枚挙に暇がない。家電製品などの日用品にも多くみられる。現在では，生物の微細構造の模倣技術が産業技術分野で多く使われるようになってきた。一例を挙げてみよう。

　垂直の壁を上り，天井で逆さになって歩くことができるヤモリの足の裏には，細かい毛が密生し，さらにそれに細かい多数の突起がある。それらが足裏に接する物体との間に分子間力を生じさせ密着させることで逆さ歩きの曲芸を可能にしている。その微細構造を模倣し，くり返し使える粘着テープが開発されている。

生物模倣技術隆盛時代

生物模倣技術の先駆け
＜コウノトリからヒントを得たオットー・リリエンタールのグライダー＞

適応進化によってもたらされた「生物の知恵」を，人類は昔から利用してきてるんだね。生物多様性の価値って，こんなところにもあるんだ。

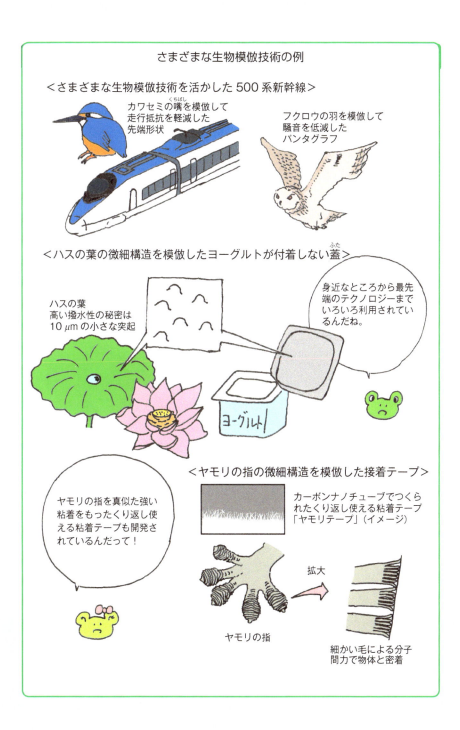

さまざまな生物模倣技術の例

＜さまざまな生物模倣技術を活かした 500 系新幹線＞

カワセミの嘴を模倣して
走行抵抗を軽減した
先端形状

フクロウの羽を模倣して
騒音を低減した
パンタグラフ

＜ハスの葉の微細構造を模倣したヨーグルトが付着しない蓋＞

ハスの葉
高い撥水性の秘密は
10 μm の小さな突起

身近なところから最先
端のテクノロジーまで
いろいろ利用されてい
るんだね。

ヨーグルト

＜ヤモリの指の微細構造を模倣した接着テープ＞

ヤモリの指を真似た強い
粘着をもったくり返し使
える粘着テープも開発さ
れているんだって！

カーボンナノチューブでつくら
れたくり返し使える粘着テープ
「ヤモリテープ」（イメージ）

拡大

ヤモリの指

細かい毛による分子
間力で物体と密着

1.7 生態系サービス

　生物多様性は，人間社会が生態系から受けるあらゆる利益を意味する**生態系サービス**の源泉である。生態系サービスは，次の4つのグループに分類される。

①**資源の供給サービス**：食料，燃料，建材，繊維など，暮らしや生産に必要な資源を供給するサービス

②**調節的サービス**：地球温暖化の緩和，穏やかな気象の維持，水の浄化，防災・減災など，私たちが安全に，快適に暮らす条件を整えるサービス

③**文化的サービス**：感動，楽しみ，学びの機会など，精神的な満足につながり，芸術の源泉ともなるさまざまな刺激を与えてくれるサービス

④**基盤的サービス**：①〜③の直接ヒトが利用するサービスを生み出す生態系のはたらきを維持するための一次生産（光合成による有機物の生産）や生物間の関係など，生態系の基盤を維持するサービス

　この地球上にヒトが出現したときから，その暮らしも生産も，これらのサービスに依存してきた。時代によりとくに重要なサービスは変化することから，現在は利用していないが将来重要になるサービスもあるはずである。将来の世代にとって重要となるサービスの潜在的な供給可能性を失わせないようにすることが生物多様性の保全である。基盤的サービスを維持することは生物多様性の保全にとっても重要である。

　ヒトは，特定の生態系サービスをより多く利用するため，土地利用やその他の人間活動を通じて生態系を改変してきた。近年になると著しい改変により，生物多様性が失われ，他の多くの生態系サービスやその潜在的供給ポテンシャルが失われることが多くみられるようになった。現代の大規模な農業・林業などは，特定の生産物の供給サービス提供のみを強化することで，生物多様性喪失の主要な原因となっている。

　今では多くの人が都市に居住し，消費者として遠隔地のサービスに頼るようになり，原産地においてどのような問題が生じているのかを認識することが難しくなっている。

　生態系サービスのうち，精神的な充足にとって重要な文化的サービスは，太古からの自然に抱かれて生活してきたヒトの「心」の適応進化とも深く関係し

図1.9 生態系サービス

ている。子どもの心身ともに健やかな成長に欠かせない「自然とのふれあい」は、そのような根源的な文化的サービスを享受する機会としてとくに重要であるといえるだろう。

生物多様性が生態系サービスに寄与する理由

多様な生態系サービスを持続的に供給するポテンシャルをもっている生態系を残すことは，生物多様性保全の重要な目的のひとつである。生物多様性が高いほど，生態系サービスを安定的に供給することができるからである。

北アメリカのプレーリー草原の一次生産という生態系サービスについて生態学者ティルマンは，長期にわたる大規模実験を行い，種の多様性が高いほど高い一次生産が安定的に維持されることを示した。種の多様性が高いと，不足しがちな土壌の栄養塩の利用が無駄なくできることや，干ばつなどの異常気象の際には乾燥に耐える種が含まれていることで生産が維持されるなどがその理由である。バイオマス生産や生態系の安定性を考えると，モノカルチャーの農地や植林地に比べて，自然林や氾濫原湿地（河原のオギやヨシなどが優占する草原など）は多様な生態系サービスを安定的に供給する生態系であるといえる。環境経済学者のコスタンザが行った，生態系の貨幣価値による評価においても，氾濫原湿地は温帯林に比べても桁違いに大きい価値があると評価された。

種の豊かな生態系には働き方（**機能**）の異なる多様な種群（**機能群**）が含まれており，それら種群は，それぞれの機能を通じて異なるサービスに寄与する可能性がある。また，同じサービスに異なる環境のもとで寄与する種が含まれている可能性もある。

モノカルチャーの針葉樹の植林地に比べて，階層構造が発達した自然林やそれに近い広葉樹の二次林が一次生産などの生態系サービスに関して優れていると考えられるのは次のような理由による。

①森林の上層に葉を展開する樹木は明るい環境で旺盛に成長するが，低木層をつくる植物は弱い光を利用して光合成を行う。光利用特性の異なる種群がいくつもの層の構造をつくって共存することで，森林に降り注ぐ太陽光が無駄なく利用される。

②土壌表層に根を広げる種群と土壌のより深い層に根を伸ばす種群が共存するなど，水や栄養塩を無駄なく利用することができる。

③同じ層にも環境への反応と働き方が異なる種が含まれており，環境が変動しても機能を同じように維持できる。

④樹木と共生する菌根菌が菌層を発達させ，そのネットワークにより，機能が安定的に発揮される。

また，種の多様性の高い生態系には同じ機能群に属す種が複数存在している。そのような生態系では，何らかの理由で種の絶滅が起こっても，同じ機能を果たす他の種がその役割を担うことができるので，生態系のはたらきが大きく損なわれることはない。機能の点からは一見無駄にもみえる種の多様性（**冗長性**）は，安定的に生態系サービスを提供するうえで重要な意味をもつ。

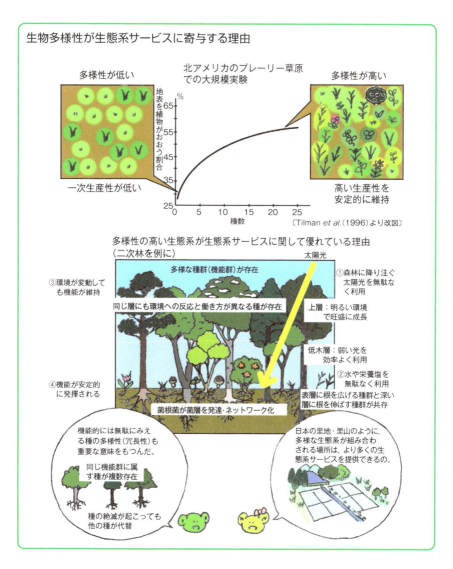

生物多様性が生態系サービスに寄与する理由

多様性が低い

北アメリカのプレーリー草原での大規模実験

多様性が高い

一次生産性が低い

高い生産性を安定的に維持

地表を植物がおおう割合 %

種数

〔Tilman *et al.*（1996）より改図〕

多様性の高い生態系が生態系サービスに関して優れている理由
（二次林を例に）

太陽光

多様な種群（機能群）が存在

③環境が変動しても機能が維持

同じ層にも環境への反応と働き方が異なる種が存在

①森林に降り注ぐ太陽光を無駄なく利用

上層：明るい環境で旺盛に成長

低木層：弱い光を効率よく利用

②水や栄養塩を無駄なく利用

④機能が安定的に発揮される

表層に根を広げる種群と深い層に根を伸ばす種群が共存

菌根菌が菌層を発達・ネットワーク化

機能的には無駄にみえる種の多様性（冗長性）も重要な意味をもつた。

同じ機能群に属す種が複数存在

種の絶滅が起こっても他種が代替

日本の里地・里山のように、多様な生態系が組み合わされる場所は、より多くの生態系サービスを提供できるの。

　タイプの異なる生態系があれば，そこに含まれる機能群が異なるので，それぞれに異なる生態系サービスのセットを提供できる。つまり，生態系の多様性が高い空間，たとえば日本の**里地・里山**のように，水田・水路・ため池・異なるタイプの樹林・草原など，多様な生態系が組み合わされて存在する場所は，より多くのタイプの生態系サービスを提供できる可能性をもっていることになる。

生態系サービスの経済評価

　最近では，生態系サービスについて**貨幣価値換算**を含む経済的な評価の試みが盛んになっている。貨幣価値に換算できるのは，調節的サービスや文化的サービスのごく一部である。したがって，貨幣価値だけで生物多様性の価値を評価しようとすることには無理があることを忘れてはならない。

　貨幣価値換算は，貨幣価値を付与することで，他の政策手法と比較して「自然を残す」選択肢が経済的にも有利であることを認識するために行われる。たとえば，インフラ整備の政策の比較検討において，氾濫原湿地の防災減災の効果を評価するような場合である。しかし，湿地は，貨幣価値を付与しやすい防災・減災サービスだけではなく，さまざまな他の生態系サービスを提供するポテンシャルをもつことが認識の外に置かれるとすれば，経済的な価値評価としても過小評価を免れない。このような手法を用いる場合には，生態系の多様なはたらきによるサービスをできるだけ多く考慮することが必要である。

　一般には，貨幣価値による評価は市場での取引を前提にした評価であるため，仮想的に取引を想定して値段をつける。しかしそのことが，むしろ保全を難しくすることもある。その例を次に挙げよう。

　モノカルチャー農地が広がりつつある地域において樹林を残すことは，生物多様性保全上，重要な課題である。そのことと関連して，樹林の生態系サービスのうち農業生産にとって重要なサービスとして，受粉や害虫防除のサービスの貨幣価値換算の評価が行われることが多い。保全につながらなかった例には次のようなものがある。

①アメリカ合衆国南部の綿花の栽培において，農地周辺の森林に生息するコウモリによる害虫防除の価値は 1990 年頃に 2,396 万ドルと評価された。しかし，害虫に耐性のある遺伝子組み換え綿花の導入が進んだため，2008 年にはその見積額は 488 万ドルにまで低下した。コウモリの生息する森林の価値そのものが低下したわけではないのに，貨幣価値は著しく低下した。
②コスタリカにおいて，コーヒーのプランテーションの周囲の森林は，鳥類の生息場所として害虫防除にとって利益が大きいことが明らかにされている。しかし，コーヒーの価格が暴落すると，農家はコーヒー栽培をやめ，パイナップル栽培に切り替えるためプランテーションとともに森林を農地に変えてしまった。

　このように，貨幣価値の付与にはいくつかの限界があることを認識しておく必要がある。

生態系サービスの経済評価

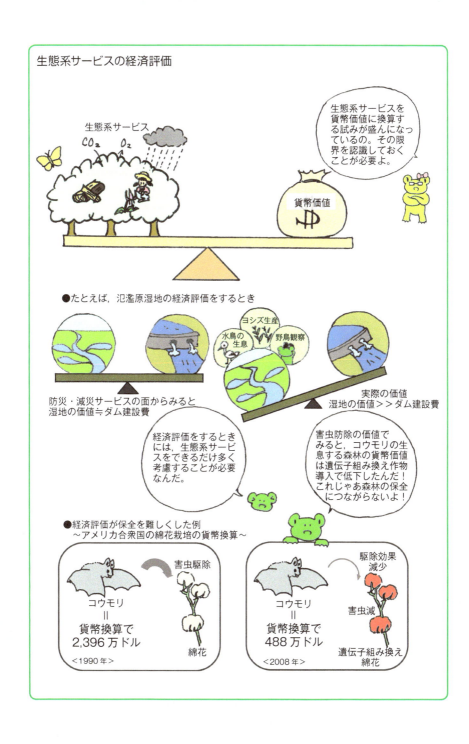

生態系サービスを貨幣価値に換算する試みが盛んになっているの。その限界を認識しておくことが必要よ。

生態系サービス

CO_2 O_2

貨幣価値

●たとえば，氾濫原湿地の経済評価をするとき

ヨシズ生産
水鳥の生息
野鳥観察

防災・減災サービスの面からみると
湿地の価値≒ダム建設費

実際の価値
湿地の価値＞＞ダム建設費

経済評価をするときには，生態系サービスをできるだけ多く考慮することが必要なんだ。

害虫防除の価値でみると，コウモリの生息する森林の貨幣価値は遺伝子組み換え作物導入で低下したんだ！これじゃあ森林の保全につながらないよ！

●経済評価が保全を難しくした例
　～アメリカ合衆国の綿花栽培の貨幣換算～

害虫駆除

コウモリ
＝
貨幣換算で
2,396万ドル

綿花

＜1990年＞

駆除効果減少

コウモリ
＝
貨幣換算で
488万ドル

害虫減

遺伝子組み換え綿花

＜2008年＞

1.8 ミレニアム生態系評価と シナリオによる予測

　人々が幸福に暮らし，持続的な開発が可能かどうかは，生態系を持続可能な形で利用できるかどうかにかかっている。食料や汚染されていない水などの**生態系サービス**に対する需要がますます大きくなる一方で，大規模農業などで特定の生態系サービスの強化により，生態系が健全性，すなわち将来にわたって人間社会のニーズを満たす可能性を失いつつある現状も明らかにされている。そこで適切に生態系を利用・管理するための条件を科学的・客観的に明らかにすることが急務となり，21世紀になると，地球環境の危機を科学的・客観的に評価する活動が盛んになった。大規模な地球規模の生態系のアセスメントとしては，2001年から2005年にかけて国連主導で実施された**ミレニアム生態系評価**（Millenium Ecosystem Assessment：MA）が代表的なものである。MAは国連のイニシアチブのもと，世界資源研究所，国連開発計画，国連環境計画，世界銀行などの国際機関，世界95か国の国々，1,360名の各分野の専門家が参加して実施された。

　このアセスメントでは，1980年代の後半から蓄積した地球環境に関する膨大な既知の情報を整理・統合し，現状の生態系変化が，生態系サービスを介して人間の生活と幸福（well-being）にもたらしている影響（図1.10）の解明がめざされた。さらに**シナリオ分析**により，政策が将来の生態系サービスと人間の生活・幸福に及ぼす影響を予測した。2005年に相次いで出版された報告書は，その後に活発化した生態系や生物多様性に関する国際的なアセスメントにも大きな影響を与えた。

　MAでは，過去50年間の変化・トレンドを分析し，50年後を予測した。2050年までには，人口は現在より30億人増加，世界経済は4倍の大きさに成長するとの予測があるが，もしそうなれば，資源の消費が大幅に増加し，現在すでに急速に進行しつつある生態系の劣化はいっそう強まるおそれがある。過去50年間を対象とした分析が明らかにしたのは，漁業は乱獲の果て衰退しつつあり，**農地の40％は浸食，固結化，塩類集積，汚染，都市化**などによって劣化しつつある現状である。窒素，リン，硫黄，炭素などの**物質循環の改変**も著しく，**酸性雨，藻類の大発生，低酸素水塊**の拡大による**魚類の斃死**などに

加えて，**気候変動**（**地球温暖化**）が生態系とそのサービスを短期間のうちに急激に変化させることが危惧された。地球規模での生態系管理の失敗は，洪水などの自然災害，干ばつ，不作，病気などのリスクを増大させる。そのような生態系の不健全化は，遠隔地の生態系サービスを享受する都市の住人よりも，地域の生態系サービスにより強く依存して生活している開発途上国の人々により直接的な影響を与える。また，居住地域の生態系サービスを利用する以外の手段をもたない経済力の乏しい貧困層に，より深刻な影響が及ぶと予測された。

　生態系の変化は，人間だけではなく，さまざまな生物に影響を与える。生態系サービスを生む生態系の機能は，多くの場合，生物間相互作用のネットワークに依存する。生物間相互作用が網の目のようにいりくむ生態系は，複雑でダイナミックなシステムであり，予測における不確実性が高い。生態系サービス間のトレードオフとして顕著なことは，市場が成立しているサービスが強化され，市場のないサービスを犠牲にするおそれが大きいことである。これは生態系の利用・管理の難しさの最大の理由でもある。そのため，生物多様性や生態系の内在的な価値を尊重する管理は，長期的にみれば，功利的な観点からみても社会にとって望ましいバランスのとれた管理となる可能性があることを認識することが必要である。

　中長期的な生態系，サービス，駆動因の変化を予測するために，シナリオ分析では，経済成長を優先するか，公共の福祉や**予防的アプローチ**による生態系保全を重視するか，といった選択肢を組み合わせて4つのシナリオが作成された。これらの選択肢の要素はいずれもすでに現在の政策のなかにみられるものである。4つのシナリオにおけるそれら選択肢にかかわる基本的政策ならびに特徴と予測された生態系サービスへの影響は次のとおりである。

①**世界協調**（Global Orchestration）：グローバル化，経済成長と公正を重視。経済のグローバル化および社会政策の充実が各国，とくに開発途上国における主要な戦略となるとしたシナリオ。開発途上国に生み出される富が環境の整備の手段を与え，深刻化する環境問題には後追いで対処がなされる。

　このシナリオでは，多くの貧しい国々で概して福祉は向上するが，2050年までにいくつかの生態系サービスは低下。

②**力による秩序**（Order from Strength）：地域，国家安全保障と経済成長を重視。安全や防衛を重視し，地域ごとに断片化した世界。保護貿易が優先させられ，セキュリティーシステムに巨額の投資がなされる。

豊かな国は，貧困，抗争，環境劣化，生態系サービスの劣化などを障壁の外，すなわち，力のない国へのしわ寄せによって解決しようとし，国家間の貧富の差はいっそう拡大。多くの生態系サービスが低下。

③テクノガーデン（TechnoGarden）：グローバル化，グリーンテクノロジーを重視。財産権システムおよび生態系サービスの価値を重視する政策によってグローバル化とテクノロジーに強く依存し，工学的管理によって生態系サービスを維持する世界。生態系の問題に対しては，科学技術と市場を用いて対処。生態系サービス確保のための手段は環境工学的なテクノロジー。

　工学的管理による生態系サービスの供給は高い水準に達するが，サービスの制御が比較的狭い範囲内で最適化されるため不測の事態に対処できず，生態系のレジリエンス（回復可能性からみた安定性）が失われ，生態系サービスの提供が滞ったり停止するリスクがある。

④順応的モザイク（Adapting Mosaic）：地域での適応政策や順応的なガバナンスを重視。地域，とくに流域での政治的・経済的な活動を重視し，生態系管理戦略と社会制度を強化。生態系の機能やその適切な管理に向けた理解を深め，管理に必要な知識を増やすことに人的，社会的投資が重点的になされる。生態系に関して学ぶことに対する努力がなされる一方で，人智の及ばない事柄に備える「謙虚さ」が順応的な生態系管理の特徴であり，予期せぬ驚きが社会に与えるインパクトが他のシナリオに比べて小さい。

　地域差はあるものの，2050年までには現在よりはずっと適切に生態系を管理できるようになっており，生態系サービスは4つのシナリオ中もっともよく維持されると予測された。

　環境問題の解決に積極的なシナリオである「テクノガーデン」と「順応的モザイク」の特徴は，MAの報告書に掲げられているランドスケープのイラストを見れば一目瞭然である。前者は整然と区画された農地と遠隔操作で動く作業車，はげ山とそこに林立する発電用の風車と原子力発電プラント，そのランドスケープをのぞむ司令塔で操作パネルに向かう要員，そしてその傍らには枯山水の箱庭が描かれている。すなわち，テクノロジーと庭園で生態系の機能を代替させるシナリオである。それに対して順応的モザイクのイラストには，緑豊かで水が流れる田園風景のなかで働く農民と家畜が描かれており，日本のさとやまなど，懐かしい伝統的文化景観をイメージさせる。

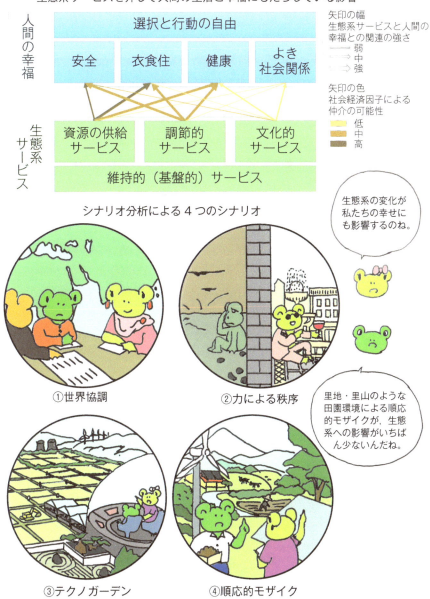

図 1.10　ミレニアム生態系評価とシナリオ予測

生物多様性の形成と維持

生命史を通じて適応進化を主導した生物間相互作用と環境の時空間変動が生む生物多様性。

生命の歴史と生物の多様化

2.1.1 海洋生物の時代

　第1章（3頁）でも述べたように，現在，地球上にみられる生物は，40億年ほど前に誕生した単純なひとつの**祖先細胞**に由来する。その後，偶然・必然が輻輳（ふくそう）する複雑な進化の過程を経て，きわめて多様な形態，生活，構造，機能などをもつようになった。その多様化の多くは，生物の**環境への適応**という「必然」によって理解できる。適応は，突然変異と自然選択によってもたらされる（2.3節）。

　環境とともに常に変化しつづける姿は，生物を無生物から区別するもっとも顕著な特徴であるともいえる。さらに同種の集団が別の種に分かれていく種分化のプロセスが加わり，現在のように多様な種からなる地球の生物相が形成され，現在も変化しつづけている。

　生命の歴史の解明には，現在では**DNAによる系統関係**の分析が重要な手法となっているが，化石が主要な研究手段であることは今も変わらない。化石は，生物の体や生活の痕跡の一部が地層のなかに残されたものである。

　地層の上下関係と，それぞれの地層に含まれる化石を指標にした相対的な年代が地質時代である。古いほうから，大きく，先カンブリア時代，古生代，中生代，新生代と呼ばれる。その時代をたどって生命の歴史を概観してみよう。

　先カンブリア時代は，生命が誕生してから**カンブリア紀**がはじまるまでの30億年以上の長い時間を占める。その間，約20億年前に真核生物が，約10億年前に多細胞生物が生まれ，生物の多様化の条件が整えられた。

　古生代初頭のカンブリア紀（約6億年前）には，爆発的ともいえるほどの生物の多様化が進んだ。それは，オーストラリアのエディアカラ丘陵から出土した浅海性生物の化石群である**エディアカラ生物群**およびカナダのバージェス頁（けつ）岩（がん）から発見された**バージェス動物群**からうかがい知ることができる。エディアカラ生物群は扁平で大形の多細胞生物から構成され，そのなかには長さが1mもの大型のものもみられる。バージェス動物群には，炭酸カルシウムの硬い殻をもつ動物がみられ，当時すでに捕食者が重要な選択圧を及ぼしていたことが

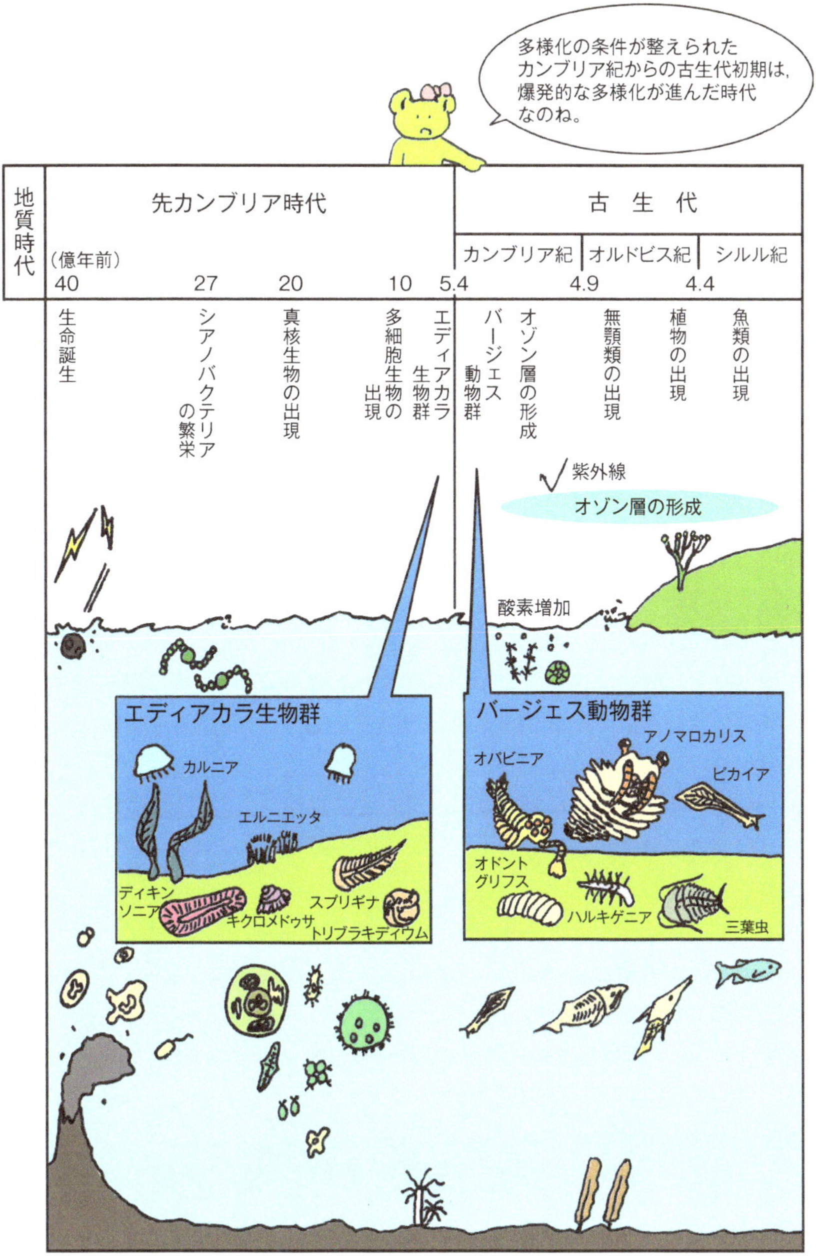

多様化の条件が整えられた
カンブリア紀からの古生代初期は，
爆発的な多様化が進んだ時代
なのね。
地質時代
先カンブリア時代
古生代
カンブリア紀
オルドビス紀
シルル紀
（億年前）
40
27
20
10
5.4
4.9
4.4
生命誕生
シアノバクテリアの繁栄
真核生物の出現
多細胞生物の出現
エディアカラ生物群
バージェス動物群
オゾン層の形成
無顎類の出現
植物の出現
魚類の出現
紫外線
オゾン層の形成
酸素増加
エディアカラ生物群
カルニア
エルニエッタ
ディキンソニア
キクロメドゥサ
スプリギナ
トリブラキディウム
バージェス動物群
アノマロカリス
オパビニア
ピカイア
オドントグリフス
ハルキゲニア
三葉虫

図 2.1 海洋生物の時代

推測される。

　それに引き続く**シルル紀**には，増えつづけたシアノバクテリアや藻類の光合成で放出された酸素の大気中濃度が現在の 1/10 を超えたと推測される。その結果，**オゾン層**が形成されて紫外線を遮り，地球の生物は水中だけではなく，陸上を生活の場とすることができるようになった。

　デボン紀は魚類の時代ともいわれる。海洋に生息する魚類の多様化はめざましく，現生魚類の軟骨魚類（サメの仲間）と硬骨魚類の祖先が出現した。

2.1.2　植物の陸上への進出

　陸上の生態系が成立するには，生産者である植物が陸上に進出することが必要であった。のちの時代に主な生産者となった大型の**陸上植物**である**シダ植物**や**種子植物**などの維管束植物は，水中で生活する植物が体全体で吸収した水や栄養塩を地中の器官のみで吸収しなければならなくなった。陸上での生活ができるようになったのは，**菌根菌との共生**が根の吸収表面を飛躍的に増加させ（第1章），根で吸収した水や栄養塩を葉に送るとともに重力に耐えられるための構造でもある維管束を発達させたからである。さらに，葉の表面をクチクラなどで覆い，水，酸素，二酸化炭素の出入りを制御する気孔を発達させることで乾燥に耐えられるようになった。

　陸上植物は 4 億 7,000 万年前頃に出現したと推測される。最古の陸上植物化石は，根や葉がなく，枝分かれした茎の先に胞子嚢をつける小型の植物**クックソニア**で 4 億年ほど前の水辺に生えていた。

　その後の石炭紀になると，地球は温暖・湿潤な気候に恵まれた。大気中の二酸化炭素と酸素の濃度は現在よりも高く，大型の**木生シダ**が森林を形成し，多様な植物の分類群が出現した。

　古生代最後の**ペルム紀**になると気候が乾燥・寒冷化した。大型木生シダ類は衰退し，乾燥・寒冷期を休眠して耐えることのできる種子をつくる**種子植物**（裸子植物）が優占するようになった。

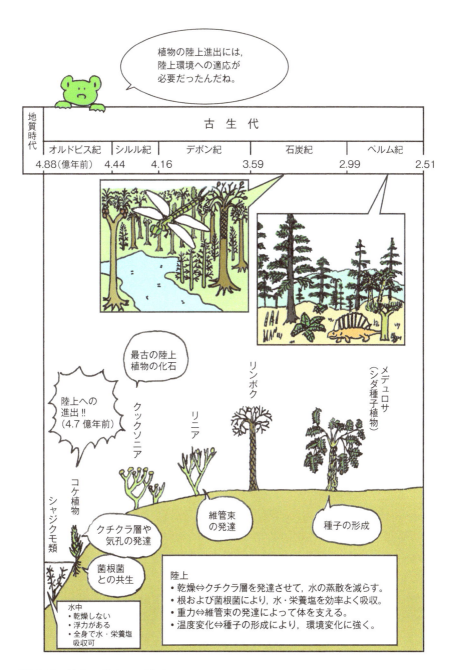

図 2.2 植物の陸上への進出

2.1.3　陸上動物の多様化と大量絶滅

　シルル紀末期にムカデやクモにつながる**節足動物**が現れ，その後，デボン紀がはじまると，**昆虫**が出現した。石炭紀後期には，羽を広げた幅が70cmもある原始的なトンボなどの大型昆虫が陸上の生態系の構成メンバーとなっていた。

　脊椎動物では，硬骨魚のなかの肉鰭類から骨のある鰭が四肢へ，うきぶくろが肺へと変化し，陸上での暮らしが準備された。石炭紀前期（3億3,300万年前）になると両生類が出現した。両生類は，幼生期には水中で生活するため，水から完全に離れることはできなかった。石炭紀の最後に出現し，ペルム紀に多様化した爬虫類は，水から離れて暮らすことができた。

　古生代の終わり2億5,000万年前（ペルム紀）には，地球の歴史上最大とされる**大量絶滅**が起きた。それまで海で優占していた**三葉虫**や**フズリナ**（紡錘虫）を含む多くの無脊椎動物，陸ではシダ種子植物の多くが絶滅した。その後，**爬虫類**と**裸子植物**の時代である**中生代**がはじまった。陸上では爬虫類が**適応放散**し，そのなかから**鳥類**や**哺乳類**が出現した。

　爬虫類は，体表が鱗で覆われ，水が失われにくく，体内受精を行い，胚は羊膜で包まれ，外側に硬い殻をもつ乾燥に耐える卵を発達させるなど，乾燥への適応を特徴とする。それにより，現生の爬虫類，鳥類，哺乳類への進化が準備された。

　爬虫類の**恐竜**は，中生代に適応放散によるめざましい多様化を遂げ，水中も生活の場として利用する魚竜や空を飛ぶことのできる翼竜も現れた。しかし，中生代末（6,500万年前頃）に大量絶滅が起こり，恐竜や**アンモナイト**などが絶滅した。巨大隕石の衝突が，その一因となったとする見方が有力である。

　巨大隕石衝突の証拠として挙げられているのは，中生代と新生代の地層の境界に堆積している灰に**イリジウム**（地球にはごく微量しか存在しないが，隕石には多く含まれる）が相当量に含まれていることである。メキシコのユカタン半島で直径100kmを超える巨大クレーターが発見されていることも証拠のひとつとされている。巨大隕石の衝突で直接飛び散った塵，衝突による莫大なエネルギーが誘発した火山活動で放出された火山灰，大規模な野火による煤煙などで太陽の光と熱が地表に届かなくなることで地球が**寒冷化**したとの推測がなされている。その寒冷化が多くの生物の絶滅の直接・間接の原因となったと考えられている。

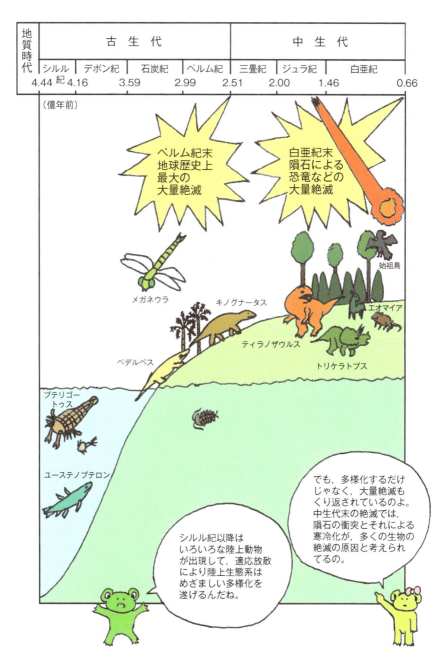

図 2.3　陸上動物の多様化と大量絶滅

2.1.4　哺乳類と被子植物の時代

　恐竜を滅ぼした大量絶滅のイベントに続いて，**哺乳類**と**被子植物**の時代である新生代がはじまった。哺乳類は恒温動物で体毛をもち，寒冷な環境でも体温を保って活動できる。また子どもには乳腺から乳を出して与えるので，その成長が速い。現生の哺乳類の３つの仲間（**有袋類**：カンガルーの仲間，**単孔類**：カモノハシの仲間，**有胎盤類**：それ以外）の祖先は，すでに白亜紀に出現していた。しかし，初期の哺乳類は現生のトガリネズミに似た小さい動物であった。哺乳類が生態系における目立つ存在になり，めざましい進化を遂げたのは，恐竜が絶滅した後のことである。

　新生代の哺乳類の進化と多様性は，多くの化石で詳しく知ることができる。ウマやゾウなどについては，原始的なものから現存のものまで連続して化石でたどることができる。

　ジュラ紀に出現していた被子植物も陸上の植生における優占種となった。その特徴ともいえる花や実の多様化は，動けない植物に代わって花粉やタネを運ぶ動物との共進化によるところが大きかった。被子植物の送粉を担うハナバチ類やチョウの仲間は花の進化と関連して進化した。

　裸子植物は衰退した。被子植物は受粉や種子の散布に昆虫や鳥類・哺乳類を利用し，動物と互いに影響を及ぼし合いながら進化した。

　被子植物と哺乳類の時代といえる新生代のうち**第三紀**は温暖であったが，約3,500万年前から寒冷化し，中緯度付近に草原ができた。**第四紀**になると**氷期**と**間氷期**がくり返されるようになり，生物の分布と存続に大きな影響を及ぼした。氷期には生物はより温暖な赤道近くに移動し，間氷期には高緯度地方にも分布を広げた。気候の変化に適応や移動対応できなかった多くの古い種が絶滅した。

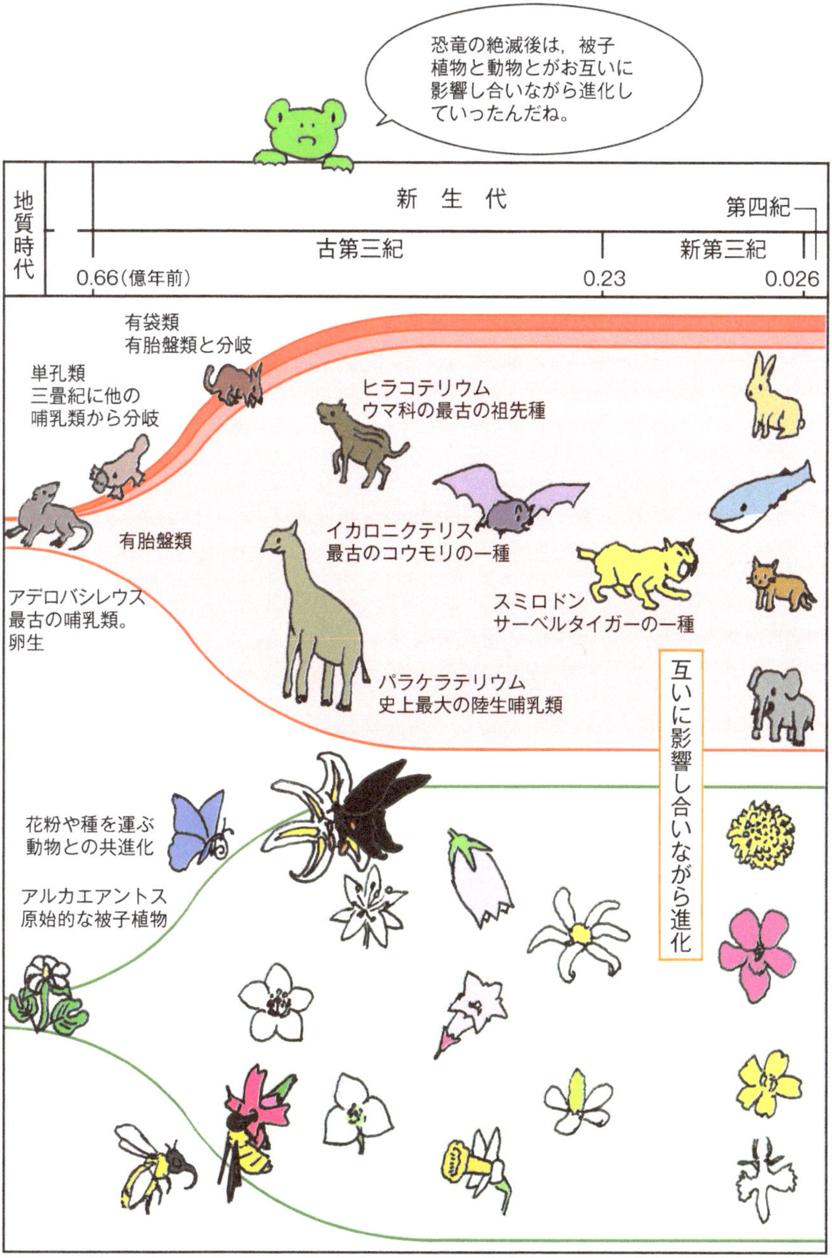

図 2.4　哺乳類と被子植物の時代

多様化は生物の遺伝・進化の必然

　生物の個体は，自らとよく似た子をつくり増殖する。その際，体の構成や活動に必要な遺伝情報のセット（ゲノム）が複製され，子孫に伝えられる。

　遺伝情報は，**デオキシリボ核酸（DNA）**の4種類の塩基（アデニン，シトシン，グアニン，チミン）の配列の暗号からなる。DNAの遺伝情報がRNAに転写され，リボソームで翻訳され，機能物質であるタンパク質が合成される。通常，1つの遺伝子は1つのタンパク質に対応し，DNA鎖上の3塩基の配列（トリプレット）が，1種類のアミノ酸を指定する。

　DNA分子は2つの相補鎖からなる**二重らせん構造**をとっている。複製は，この鎖それぞれに対して，新たな相補鎖を合成することで行われる。

　生命の基本単位である細胞が増えるときは，**ゲノムの複製**とその遺伝情報にもとづく細胞成分の合成を経て，1つの細胞が2つの娘細胞に分裂する。多細胞生物の生殖では，受精卵は，空間的にも時間的にも高度に制御された細胞の分裂・分化からなる発生過程により，親とよく似た子がつくられる。

　生物の個体はいつか必ず死を迎えるが，このような複製と増殖の過程がくり返されることで，遺伝子とその情報は途絶えることなく子孫に伝えられていく。

　DNAは化学的に安定な物質で，複製はほぼ正確に行われる。しかし，複製過程や損傷を受けた際の修復過程において，低頻度ではあるが**複製の誤り**である塩基配列の置換・欠失・重複・再編などの**突然変異**が起きる。遺伝子がごく低い頻度で変異することは，化学的に運命づけられているともいえる。その頻度は，紫外線，放射線，化学物質の影響で高まる。

　生物進化の初期に存在していた少数の祖先遺伝子は，突然変異，2.3節で述べる自然選択，さらには多くの偶然の効果も加わって，情報を変化・多様化させ，現在，私たちが目にしている驚くほど多様で複雑な生物を生み出すことになった。遺伝子のなかには多数の遺伝子の発現を調節するものがあり，ごくわずかな数の突然変異によって，生物の形態や特性が大きく変化することもありうる。

　したがって，時間とともに多様化していくことは，DNAを遺伝情報とする生物にとっては当然のことであるともいえる。遺伝的・進化的に，生物は多様化するよう運命づけられているのだ。

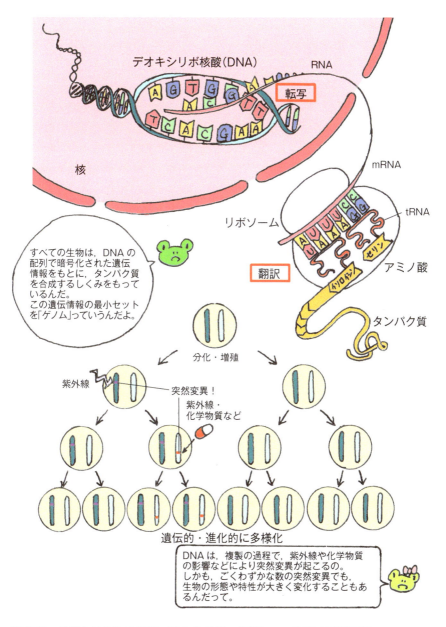

図 2.5 多様化は生物の遺伝・進化の必然—複製しつつ変異する遺伝子

2.3 自然選択による適応進化

　すでに概観したように，40億年に及ぶ生命の歴史を通じて生物は著しい多様化を成し遂げた。多様化を導く原理のうちのひとつは，生物がその環境（生物的環境，非生物的環境）の作用である**選択圧**（自然選択による進化をもたらす環境の作用）に応じて，環境に適合した形質をもつよう**適応進化**することである。環境が多様であればあるほど，適応進化を介して生物も多様化する。しかも，環境は選択圧を及ぼして一方的に影響を与えるだけではない。生物も環境に作用して環境を変化させ，選択圧そのものを変化させる。その新たな選択圧に応じてさらに適応進化が起こる。**自然選択による適応進化**により，環境と生物は密接にかかわりながらダイナミックに変化しつづける。とくに，生物環境，すなわち**生物間相互作用**が選択圧となる適応進化は，無限に新規性を生み出すメカニズムであり，生物は相互にかかわりながら適応進化を続ける。

　適応進化は，生物が生息・生育する環境（ハビタット）によく適合した適応形質を進化させることから，その環境のもとで生き残り子孫を残す「戦略」にたとえることができる。そのため，自然選択によって進化した適応形質を**戦略**と呼ぶ。適応形質の多くは，それを観察する者には「知性と意志をもつ存在，神が設計した」ともみえるみごとなものである。キリスト教圏では，自然のなかに神の徴や意志を認めようと，神職者が**博物学**の研究に熱心にとりくんだ時代もあった。そこに一石を投じたのが，1859年に『種の起源』を著したダーウィンである。ダーウィンは，「自然選択による適応進化」が生物の多様化をもたらすプロセスを説明し，神の意志を持ち出さなくとも生物が環境によくあった形質をもつことの理解を容易にした。

　自然選択は，次の(1)から(3)の条件がそろうと世代内で起こるプロセスである。
(1) 個体群（集団）のなかに表現形質に変異（個体差）がみられる。
(2) 適応度（生死や子の数を通じて個体が次の世代に残す子の数）に個体差がある。
(3) 表現形質と適応度の間に何らかの特別の関係が存在する。その関係は，「相関」のような統計的な関係，近似式など数式で表される関係，限界値で表される関係，「ある形質をもつものが生き残りやすい」など質的な関係でもよく，

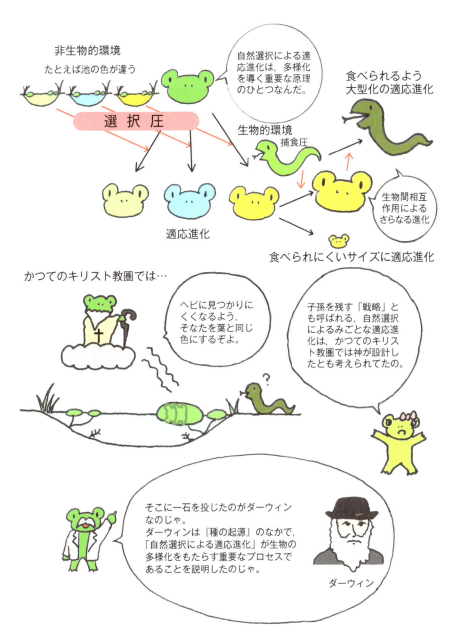

図 2.6 自然選択による適応進化①

私たちが認識できる関係であれば何でもよい。その関係を生じさせる環境の作用が選択圧である。

　(1)から(3)の3つの条件が満たされると自然選択が起こり、変異が遺伝的なものであれば、その形質を支配する遺伝子の頻度が自然選択の前後で変化する。その変化が何世代にもわたってつづくと、初期にはごく低い頻度で存在した遺伝子が集団のなかで優勢になり、個体群全体の形質と遺伝的特性が変化する。

　なお、生物が示す形質には、血液型など一対もしくは少数の**対立遺伝子**に支配される**質的形質**および体長などのような多数の対立遺伝子と環境の作用の結果であり、量的な測定が可能な**量的形質**がある。

　適応進化によって生物が示す戦略は、よく観察すると、誠に理に適った巧みな「環境への対処の仕方」であることがわかる。それを学ぶことは、私たちが直面するさまざまな問題を解決するヒントを与える。

　一方で、環境の変化は新たな選択圧を及ぼし、常に自然選択による進化が起こっていることを意識することは、人為的な環境の改変が生物界にもたらしている変化を理解し、今後どのような変化が起こるかを予測するためにも重要なことである。

　環境の変化に応じて自然選択による進化が起こるためには、遺伝的な変異が存在することが条件となる（自然選択の条件（1））。遺伝的な変異は、突然変異によって確率的に生じる。したがって、個体数が多く、世代時間が短い生物の個体群には、一般に遺伝的な変異が多く含まれている。

　環境から強い選択圧がかかれば、世代内で大きな自然選択が生じる。世代時間が短い生物は、そのような選択圧のもとで世代を重ねるため、速いスピードで自然選択による進化が進む。

　殺虫剤や除草剤のような化学農薬が広く使用されるようになったのは20世紀の半ばも過ぎてからであるが、現在までに多くの殺虫剤抵抗性の昆虫や除草剤抵抗性の雑草が進化したことは、自然選択による進化がどのように起こるかを考えれば当然のことといえる。医療の現場で使用される抗生物質などの薬剤に対して抵抗性をもつ細菌が短期間のうちに進化するのも同じような理由による。

　生態系と生物多様性に大きな影響を与える外来生物（侵略的外来種）は、自然選択による進化によって原産地とは異なる生態的特性をもつ生物になっていることも、その対策にあたって認識しておくべきことである。

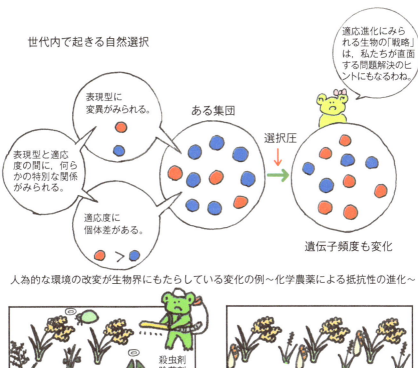

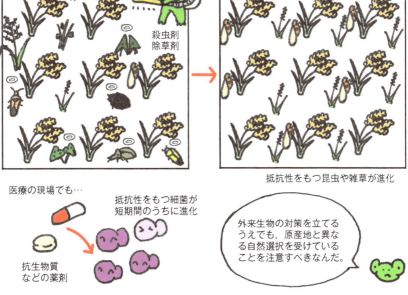

図2.7 自然選択による適応進化②

自然選択による適応進化の実例

　自然選択による進化が目前で観察された有名な例が，19世紀の後半のイギリスでの**オオシモフリエダシャク**（蛾の1種）の翅の色の変化，工業暗化である。産業革命で重工業の中心都市となったマンチェスターでは，煤煙で樹木の樹皮が煤けて黒くなった。オオシモフリエダシャクは白っぽい明るい色をしていたが，1848年に黒っぽい暗色の**突然変異型**（暗色型）が見つかった。やがて暗色型は野生型（明色型）をしのぐようになり，20世紀初頭には98%を占めるまでに増加した。

　その理由は，煤けた樹皮にとまっていると野生型は目立ってしまい，鳥に補食されやすいのに対して，暗色型は**保護色**となり，捕食を免れることができるからである。工業地帯と異なり，樹皮が煤けていない田園地域では，野生型の比率が高く維持されていた。やがて煤煙対策が進み，20世紀の終わり頃にはマンチェスターでも樹皮は煤けなくなった。すると，暗色型が減少し，現在では再び明色型が多数を占めている。鳥による見つかりやすさが選択圧となる適応進化の例である。

　私たちの目前で起こっている適応進化の顕著な例としては，**薬剤（化学物質）抵抗性**の進化がある。医療で抗生物質が使われたり，農業で除草剤や殺虫剤などの農薬が使われるようになると，その強い選択圧にさらされた細菌，雑草，害虫のなかにはそれら化学物質に抵抗性をもつものがみられるようになった。化学物質が多く使われている場所では抵抗性をもつものばかりになり，薬剤が効かなくなる。そのため，新たな薬剤が開発されて使用される。するとそれに対する抵抗性が進化する。その「いたちごっこ」ともいえる状況は「**軍拡競走**」にたとえられる。個体数が多く，世代時間の短い生物は，自然選択の対象となる突然変異の蓄積速度が大きく，適応進化のスピードも速い。さらに，強い選択圧をかければかけるほど抵抗性が進化しやすい。そのような化学的軍拡競走では，ヒトに勝ち目はない。

自然選択による適応進化の実例

田園地帯
樹皮は白っぽい地衣類で覆われている。

工業地帯
大気汚染のため，樹皮は黒っぽい。

マンチェスターにおいて，突然変異型が増えた理由

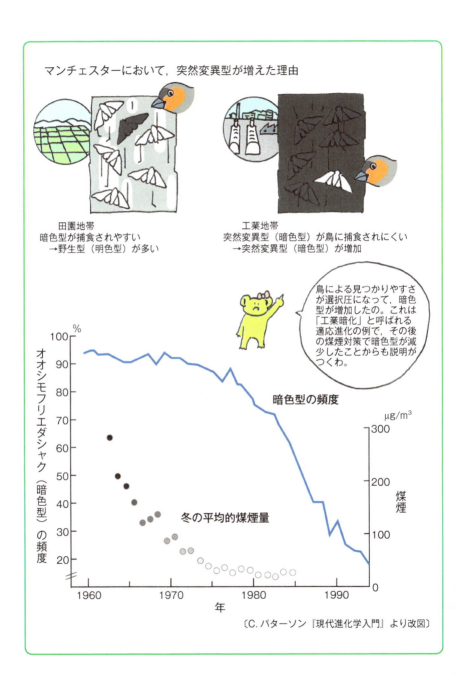

田園地帯
暗色型が捕食されやすい
→野生型（明色型）が多い

工業地帯
突然変異型（暗色型）が鳥に捕食されにくい
→突然変異型（暗色型）が増加

鳥による見つかりやすさが選択圧になって，暗色型が増加したの。これは「工業暗化」と呼ばれる適応進化の例で，その後の煤煙対策で暗色型が減少したことからも説明がつくわ。

暗色型の頻度

冬の平均的煤煙量

〔C. パターソン『現代進化学入門』より改図〕

ダーウィンと生物多様性

　生物多様性は，種の多様性，生態系の多様性および種内の多様性をすべて含む，生命にみられるあらゆる多様性として定義される（2頁）。種内の多様性，すなわち，種内変異の進化的な意味の理解は，生物多様性を理解するための基礎である。生物学，とりわけ生態学の最高の古典であるダーウィンの『種の起源』は，種内変異にもとづく「自然選択による適応進化」で生物の多様性を説明した。

　「種」は，種類の異なる生物を認識する分類の単位である。同じ種のなかにも性質の異なるグループ（変種，地域個体群など）が含まれていたり，同じグループのなかにも個体差が認められる。「自然選択による進化」は，このような種内の多様性（種内変異）に環境が作用することで起こる。『種の起源』では，生物は気候などの物理的な条件の影響を受けるだけではなく，多くの種が互いに関係し合っていること，すなわち，生物間相互作用が適応進化において重要な役割を果たしていることを各所で強調している。

　たとえば，植物の種の分布は気候（温度環境や降水量）などの影響を受けて決まっているようにみえるが，それらの条件において最適と考えられる分布の中心地において，なぜ個体数が2倍，4倍に増えないのだろうかという疑問を提示し，それについては，他の植物との競争や動物の食害が大きな要因になっているからだと記している。

　植物にとっては，ポリネータの存在が，その存続に大きな影響があることをレッドクローバーとマルハナバチの例を引いて述べている。ダーウィンは，詳しい観察と実験により，舌の短いミツバチは蜜が花の深い部分にあるレッドクローバーの受粉には役立たず，マルハナバチだけが有効なポリネータであることを見出した。それにもとづき，マルハナバチが絶滅するか，著しく個体数を減らせば，レッドクローバーはタネをつけることができず絶滅してしまうだろうと記した。

　ダーウィンは，それまでの自然誌研究が明らかにした地球の生物の圧倒的な多様性の科学的理解を進めるうえで大きく貢献した。既存の科学的知見と自らの観察で集めた膨大な事実を明瞭な論理で結びつけ，「自然選択による適応進化」によって説明したのである。

　その環境のもとで生き残り，子を多く残すのに役立つ形質が，世代を超えて引き継がれていくという，常識にもよく合うこの「原理」は，一見，雑多でバラバラにも感じられる生物の豊かな世界，生物多様性を読み解く，もっとも基本的な見方であるといえる。

　『種の起源』は，150年以上も前に出版されたにもかかわらず，記されている興味深い事実の数々，それらを関連させて結論を導く論理構成，導かれた結論のいずれもが，現在でも価値を失っていない。

ダーウィンと生物多様性

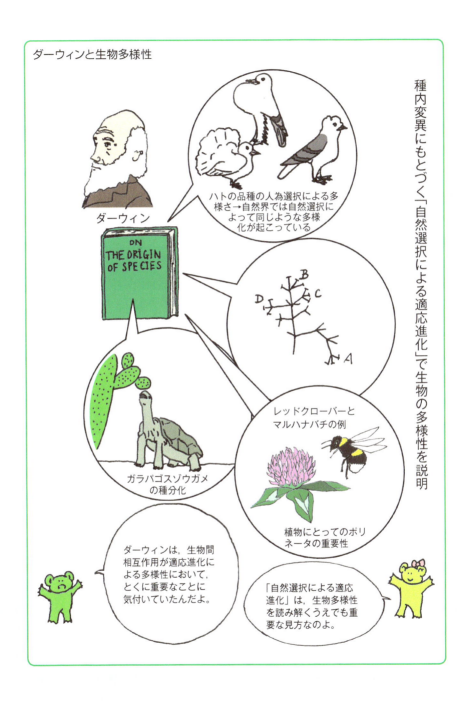

種内変異にもとづく「自然選択による適応進化」で生物の多様性を説明

ハトの品種の人為選択による多様さ→自然界では自然選択によって同じような多様化が起こっている

ダーウィン

DN THE ORIGIN OF SPECIES

B
C
D
A

レッドクローバーとマルハナバチの例

ガラパゴスゾウガメの種分化

植物にとってのポリネータの重要性

ダーウィンは，生物間相互作用が適応進化による多様性において，とくに重要なことに気付いていたんだよ。

「自然選択による適応進化」は，生物多様性を読み解くうえでも重要な見方なのよ。

2.4 種分化とエコタイプ

　種内の同じ個体群のなかで，環境により適した遺伝子型が広がっていく自然選択による適応と，もともと同じ種に属していた個体群（集団）が別種に分かれていく「種の分化」は，別の現象であり，異なる説明が必要である。

　種の分化をもたらす要件は，**隔離**である。隔離（**生殖的隔離**）とは，異なる繁殖グループ（繁殖集団）に分かれ，その間での配偶（交配）による有性生殖が妨げられることをいう。

　それは多様な状況のもとで起こりうるが，代表的なものは，地史的な出来事によって山岳や海峡などで分離されたり（**地理的隔離**），集団の一部に夜行性のものが出現して昼間活動する個体との配偶ができなくなる（**生態的隔離**）などである。同じ繁殖集団に属さない個体グループは遺伝子のプールを共有していないので，それぞれが独自の進化の途を歩むことになる。隔離されたそれぞれの繁殖集団は，それぞれが生育・生息する地域の異なる選択圧に応じて別々に適応進化する。個体数が少ない場合は，偶然の効果である**遺伝的浮動**（87 頁）が別々に起こり，時間が経てば経つほど遺伝的に異なる集団に分かれていく。

　人為的な交配を行っても有性生殖できないほどにまで離れている場合には，生殖的に隔離されていると判断される。それは，生物学的にみて，別の種になっていることを意味する。種の分類の際に重視される形態などの形質に大きなちがいが認められるようになると分類学では別種とされる。最近は DNA でみた系統で分類されることが多い（第 1 章）。

　種分化で分かれたいくつもの種や地域個体群が異なる選択圧のもとで適応進化することを**適応放散**という。共通の祖先種から，生態的なちがいに応じて形態や行動が異なる複数の種に分化している例は少なくない。**ダーウィン**が**ガラパゴス諸島**で観察した**フィンチの嘴**の形のちがいなどはその例である。

　同じ種のなかに明らかに生態的特性が異なる集団（個体群もしくはその集合）が含まれている場合，それらを**エコタイプ**として区別する。エコタイプは異なる選択圧のもとで，その生態学的なちがいが明瞭に認識できる種内集団が分化したものである。在来種で分布域の広いアキノキリンソウには，蛇紋岩地帯には形態で容易に区別ができる特有の個体群が認められ，土壌のちがいに適応した

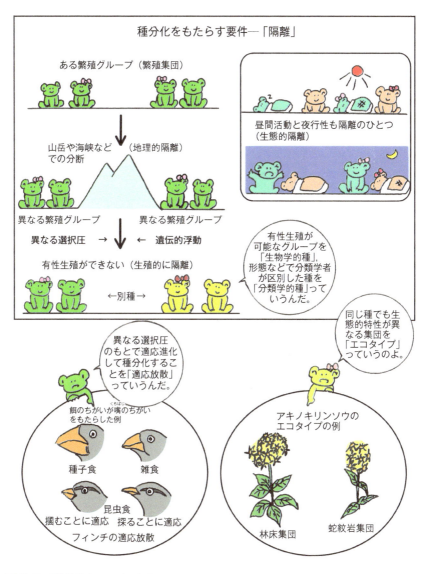

図 2.8 種分化とエコタイプ

エコタイプとされている。一年草のヤエムグラのなかには秋に発芽するタネをつけるものと春に発芽するタネをつけるエコタイプがある。後者は冬に野焼きが行われ、秋に発芽したものが強い死亡リスクにさらされるような場所に生育する。

column　保全単位

　現在使われている分類体系において，同じ種に分類されている個体群の集合のなかに，エコタイプと認識されるほどのちがいがなくとも，遺伝的な特性（中立的な変異で把握されることが多い）が異なるグループが含まれていることが少なくない。グループの間に認められる遺伝的なちがいは，その種の分布の変遷と隔離の歴史を反映している。生殖的隔離が起こっていれば，生物学的には別種に分かれているとみることができるが，そこまでのちがいはなくとも，遺伝的に明瞭に区別できる集団に分かれていれば，それらグループ（地域個体群）を別の歴史を歩んできた別の保全単位として扱うことが望ましい。

　サクラソウについては，マイクロサテライトマーカー（核の中立的遺伝子）と葉緑体遺伝子の分析の結果にもとづき，日本列島には4つの保全単位が認識されている。

　一般に，種の分布地域の外への個体の移動は，侵略的な外来生物（第3章）を生み出すなど保全上の問題をもたらすこともあるので避けるべきだが，保全単位が認められている場合には，その範囲外へ個体を持ち出して野生化させるようなことにも慎重になるべきである。サクラソウの場合，4つの保全単位（地域）の間での移植は避けるべきである。

保全単位

保全単位

保全単位

種内の別の歴史を歩んできた地域
グループ，その間での移植や人為
的移入は避けるべきである。

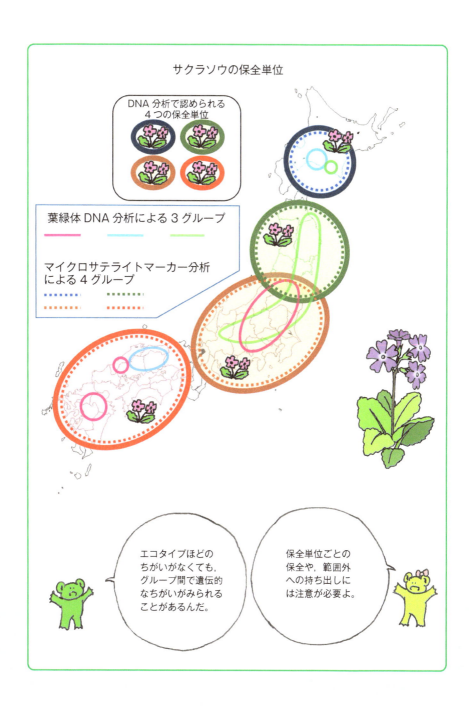

サクラソウの保全単位

DNA 分析で認められる
4 つの保全単位

葉緑体 DNA 分析による 3 グループ

マイクロサテライトマーカー分析
による 4 グループ

エコタイプほどの
ちがいがなくても，
グループ間で遺伝的
なちがいがみられる
ことがあるんだ。

保全単位ごとの
保全や，範囲外
への持ち出しに
は注意が必要よ。

2.5 生物間相互作用と生物多様性

　生命の歴史を通じて，生物が多様化の一途をたどったことは前章で述べた。遺伝的・進化的にみれば，地球規模で生物が多様化していくことは，必然であるともいえる。しかし，生態系における多様性の維持は，必ずしも自明とはいえない。生態系に張り巡らされた生物間の相互作用のうち，**食べる－食べられるの関係**と**競争関係**は，いずれも弱い種が犠牲になる関係であり，その減少や絶滅によって多様性が損なわれる可能性があるからだ。

　食べる－食べられるの関係では，「食べ尽くし」による食べられる側の絶滅が想定される。しかし，同じ生態系のなかでともに進化してきた歴史を共有する種の間では，そのようなことは起こりにくい。食べられる側が適応進化により防御のしくみを進化させているからである。たとえば，植物は，動物に食べられないように棘や毛を生やして物理的に防御したり，有毒な化学物質（二次代謝物質）で身を守る。植物の葉に細かい毛が生えていることが多いが，微少なダニなどにとっては，それは移動を妨げる「針の山」のようなものである。

　しかし，**侵略的な外来生物**など，進化の歴史を共有していない強力な捕食者が生態系に侵入すると，食べられる側は防御のしくみを適応進化させる前に食べ尽くされてしまうことがありうる。

　競争関係でも，競争力が大きい生物が資源を独占することで，多様性が失われる可能性がある。そのような競争の効果を抑えて多様性を維持するメカニズムについては2.6節で詳しく述べる。

　生態系のなかには，これら一方に不利益が生じる関係だけではなく，互いに利益を得る**共生関係**が数多くみられる。たとえば，ハチやチョウなどが花から蜜を採集し，その際に花粉を運び，植物の繁殖を助けるポリネータとして働く送粉共生などである。**アリアカシア**と**アカシアアリ**との共生関係，防衛共生では，アカシアはアリに膨らんだ棘のすみか，および蜜と固形の餌を提供し，アリは食害者からアカシアを守る番兵として働く。このような共生関係を含め，生物どうしをつなぐ関係は網目のように生態系に広がっており，全体として生物多様性の維持に寄与している。ある生物が絶滅すると，その網目を伝わって**絶滅の連鎖**が起こるおそれがある。

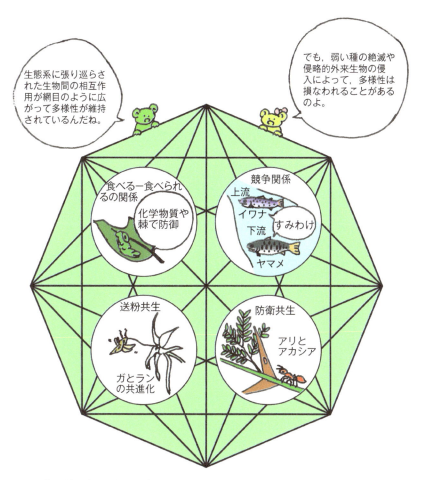

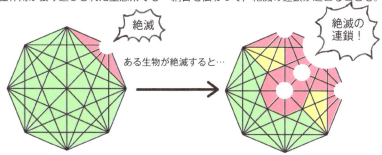

図 2.9 生物間相互作用と生物多様性

2.6 競争に抗して多種共存を可能にするのは

　生態学では，**競争は共通の資源の奪い合い**と定義される。競争は，強い種が資源を独占してしまうことで，多種の共存を妨げる。たとえば，河原に侵入した侵略的な外来牧草のシナダレスズメガヤ（緑化植物として導入されたものが野生化）が高密度で生育すると，カワラノギクなどの河原に固有な在来植物を排除して圧倒的に優占し，牧草地のような単純な草原に変えてしまう。

　競争に強い生物種が圧倒的に優占し，それ以外の種が生息・生育できなくなる現象を**競争排他**（もしくは競争排除）という。

　生物群集においては，多くの種が複数の共通の資源をめぐって競争を展開している。競争は，資源分配，たとえばエネルギーやバイオマスの独占であるが，多くの資源の要求性を総合した**ニッチ**の奪い合いとみることもできる。そのため，競争排他は，「同じニッチを利用する2種は共存できない」と表現されることもある。

　現実の世界では，ニッチの類似した種が共存していることも少なくない。それは，競争排他を抑える生態的な作用が働いているからである。競争排他を抑えて多種共存を可能にする原理としては，①異なる資源の利用において種の優位性の順序が一貫しているとは限らないこと，②環境が時間的空間的に変動しており，競争における種の優劣が環境変動によって入れ替わること，③競争の勝負がつかないうちに撹乱によって，競争がふりだしに戻されることなどが挙げられる。

　ある空間の範囲内に異質なハビタットがモザイクのように組み合わされている**モザイク環境**は，②の空間的な変動（不均一性）により多種の共存が可能である。里地・里山（さとやま）はヒトがその暮らしと生産の必要性に応じてつくりだし，維持しているモザイク環境である。そこでの植物資源の採取は，③にあたる撹乱の効果を生じる。さとやまの生物多様性の豊かさは，多種共存のための条件が土地利用とそこでの植物資源の利用を介してヒトの手で整えられていることによっている。

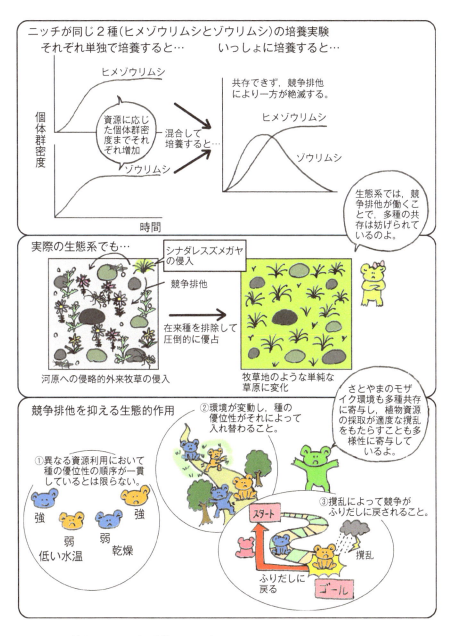

図 2.10 競争に抗して多種共存を可能にするのは

2.7 モザイク環境と撹乱：さとやまの生物多様性とヒト

　里地・里山（さとやま）を特徴づけているのは，**モザイク環境**と撹乱であるが，それは多種共存を可能にする生態的な原理でもあることは前項で述べた。

　現生人類が東アフリカで暮らしはじめたのは20万年ほど前と推測されている。その後，**ヒト**は新天地を求めて移住をはじめ，やがて地球上に広く分布するようになった。農業がはじまる1万年ほど前まで，ヒトは食べ物を含め，衣食住に必要なものすべてを**採集・漁労・狩猟**（広義の採集）によって得ていた。

　農業開始後も採集は重要な営みとして維持され，農地とともに生物資源の採集地である多様な樹林，草原，湿地がモザイクをなす環境で暮らした。

　初期のヒトが暮らした水辺を伴うサバンナは，疎林，草原，河畔林，湿地などがつくるモザイク環境であった。ヒトは，その祖先の人類と同様，空間的に変化に富んだ環境において，多様な生物資源を採集して餌とする雑食の動物である。その雑食性は，環境の変化に応じて餌を臨機応変に変えることができる利点をもつ。現生人類は，その柔軟性のゆえに，環境変動を乗り越え，今日まで生き残ることができたともいえるだろう。

　モザイク環境のひとつの重要な要素は**湿地**（干潟も含む**ウエットランド**）である。湿地では，貝や魚など，タンパク質を多く含む多様な餌が比較的容易に採集できる。モザイク環境における多様な資源の採集に頼る暮らしは，次の2つの理由で脳の発達を促したと考えられる。第一には，タンパク質が多く含まれる餌をとることで，脳の発達のための栄養的な条件が満たされた。第二には，変化に富んだモザイク環境を縦横に利用して多様な資源を採集するため，感覚器官は絶えず複雑な刺激を受け，空間の認知と記憶の発達を促す強い選択圧のもとにおかれる。環境のモザイク性は，ヒトがもつ特別の知的能力を適応進化させた選択圧のひとつであるともいえるだろう。

　環境モザイク性は，多様な樹林あり草原あり水辺もある「さとやま」の特徴である。モザイク環境に対する適応進化がヒトの知的能力を発達させたのだとしたら，さとやまで五感を研ぎ澄ましながら遊び学ぶことは，ヒトの子どもの成長過程においてとくに重要であるといえるだろう。

　さとやまの樹林や草原，水辺における，肥料や燃料，飼料や建材などの採集

と，古くから行われてきた火入れなどによる管理は，生態学の言葉で表現すれば，「適度な撹乱」をもたらすものであった。採集も火入れなどによる適度な撹乱も，光をめぐる競争に強く旺盛に成長する植物をとり除き，地表面まで明るい環境をつくりだす。そのため，サクラソウやスミレのような草丈の小さい植物やそれらと共生関係にある生物など多様な生物の生息・生育が可能となる。

採集や火入れは，植物体や落ち葉などの植物遺体をとり除くことによって，土壌から窒素やリンなどの栄養塩を減らし，貧栄養で雑菌の少ない植物の生育にとって衛生的な土壌を用意することである。

生物の環境への適応進化には，何世代もの世代時間が必要である。ヒトが成人して子どもをつくるまでの約20年を1世代とすれば，ヒト以前から人類が続けてきた採集は，何万世代，あるいは何十万世代も続いてきた。私たちヒトの体も心も採集に適応している。ドングリや貝を拾ったり，魚を釣ったり，キイチゴを摘むなどが楽しいのは当然のことといえるだろう。

農業開始から現在までのヒトの世代数は400世代程度の長さでしかない。さらに，衣食住をはじめ必要なものの大部分を工業製品に依存するようになった近代技術と工業にもとづく生活は200年ほどの歴史しかない。世代でいえばせいぜい10世代程度である。

ときにはさとやまに身を置き，そこで多様な生物と接したり，利用したりする時間をもつことは，子どもにとっても大人にとっても意義が大きい。それは，そこがいわば，私たちの心の進化的なよりどころでもあるからである。

図 2.11 モザイク環境と撹乱：さとやまの生物多様性とヒト①

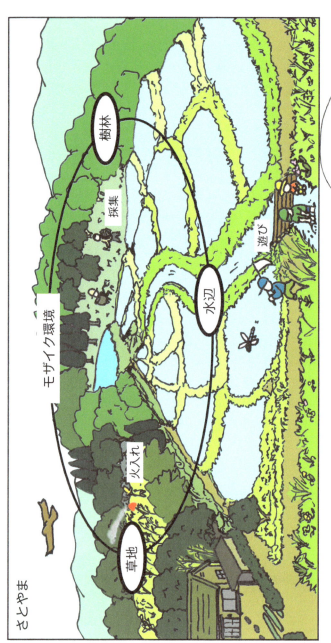

図 2.12　モザイク環境と攪乱：さとやまの生物多様性とヒト②

第 3 章

生物多様性の危機と人間活動

現代の人間活動の影響は複合的に作用して，
多くの種の絶滅リスクを高めている。

3.1 生命史第六番目の大量絶滅

　生命史においては，過去にも多くの生物が絶滅した時代があった。**古い時代の絶滅**と**現代の絶滅**を比較する場合には，時代を経るにつれて生物多様性が豊かになり，種の数，属の数や科の数などが増加したことを考慮する必要がある。

　現生動物にみられる**ボディプラン**（体のつくりの基本構造）の多様性がほぼ出揃った古生代以降の絶滅は，化石によって科の絶滅を知ることができる。過去の大量絶滅は，絶滅した科の比率で表される。そのため，古生代末や中生代末に起こった絶滅は，現在の**絶滅リスク**をしのぐ印象を与える。しかし，古い時代には，科を構成する種の数が現代に比べるとずっと少なく，1種の絶滅が科の絶滅に直結しやすかった。そのことを考慮すると，種の絶滅に関しては，現代ほど凄まじい大量絶滅時代は生命の歴史を通じてなかったといえる。

　ヒトが地球環境に及ぼす影響がとくに大きくなったのは，農業がはじまった1万年ほど前からであるとされる。しかし，哺乳類や鳥類の絶滅でみるかぎり，生命史第六番目の大量絶滅時代はそれより前，ヒトがアフリカを出て分布を拡大しはじめたころにはじまったといえる。狩猟能力を高めたヒトの影響による絶滅である。

　この第六番目の大量絶滅時代の第一波ともいえる新天地へのヒトの進出に伴う大量絶滅としては，5万年前にオーストラリアに現生人類が侵入すると，有袋類の種86％とモアなど大型鳥類やオオトカゲ類が絶滅したこと，1万2,000年前頃から北アメリカに侵入した後の1,000年ぐらいの間に少なくとも57種の大型哺乳類が絶滅したと推定されることなどが顕著な例として挙げられる（68頁）。

　第二波は，ヒトの分布拡大の最後の段階にあたる，今からおよそ1,000年あまり前の太平洋諸島への入植に伴う狩猟が原因として疑われる鳥類の大量絶滅である。ヒトが島々へ入植した後に地球の鳥類のほぼ1割にあたる1,000種が絶滅されたとの推定もなされている。

　第三波は，およそ400年前からの開発（植民地を含む）や工業化に伴う大量絶滅である。鳥類については，1,500年以降，**ドードー**や**リョコウバト**など有名な事例を含めて，190種が人間活動が原因で絶滅したとされている。

　地球環境へのヒトの影響が絶大なものとなった過去200年間の絶滅のリスク

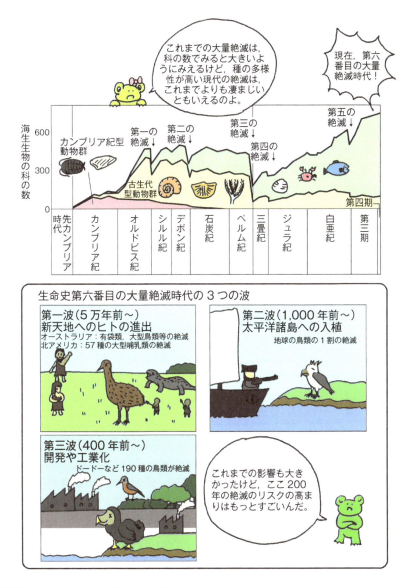

図 3.1　生命史第六番目の大量絶滅

の高まりは著しく，分類群を問わず絶滅のリスクにさらされている生物種が増えつづけている（第4章）。生物多様性条約が採択され，世界中のほとんどの国が締約国になった現在でも，残念ながらその速度は衰えていない。

3.2 現代の絶滅リスクの高まり

　地球上に現存する生物の種数が何種であるかについては正確なことはわからない。人類がその存在を科学的に確認している種（学名がつけられている種）は，地球に生息・生育する種の一部にすぎないからである。昆虫など無脊椎動物や微生物については，新種を見出して記載するスピードをはるかに上回るスピードで絶滅が進行していると推測されている。

　脊椎動物や維管束植物など，比較的よく目立つ生物については，およその現存種が把握されており，哺乳類と鳥類では，その既知種のなかでの絶滅が危惧される種の比率を比較的正確に把握することができる。

　国際自然保護連合（IUCN）は，その実態が把握できる分類群について，絶滅の危険の程度を客観的に評価して**レッドリスト**（第5章）を作成し，毎年公表している。IUCNが2016年に発表したレッドリスト（絶滅の危険のある種のリスト）では，世界の既知の種1,735,022種のうち82,845種の**絶滅リスク**が評価され，およそ3割にあたる23,892種が**絶滅危惧種**とされている。絶滅危惧種のなかには**ニホンウナギ**やニホンスッポンなどが含まれている。哺乳類では既知種のおよそ1/4，そのうちのヒトを含む霊長類では，およそ1/2の種が絶滅危惧種となっている。日本全国を対象としたレッドリストは環境省が作成して公表している（第4章）。

　生物の絶滅のリスクを高めている主な人間活動とそれに由来する圧力としては，利用・駆除のために直接個体を間引く**乱獲・過剰採集**，農薬など有毒物質による**環境汚染**や**富栄養化**などの生息・生育場所（ハビタット）の**環境改変**，**侵略的外来生物の影響**，**ハビタットの分断・孤立化**などがある。現在急速に進行しつつある**地球温暖化**は，今後ますます影響を強めることが危惧されている。これら人間活動に由来する原因は，それぞれが単独で作用するというよりは複合的に作用して種の絶滅リスクを高める。

　人間活動による現代の絶滅にさらされやすい種は，①人間活動の活発な場所を生息・生育の場とする種（生息生育場所の喪失，分断・孤立化，環境汚染の影響などを受けやすい），②利用，あるいは駆除の対象としてヒトの関心をひく種（水産物として利用される，毛皮，薬などとして利用される，あるいは害

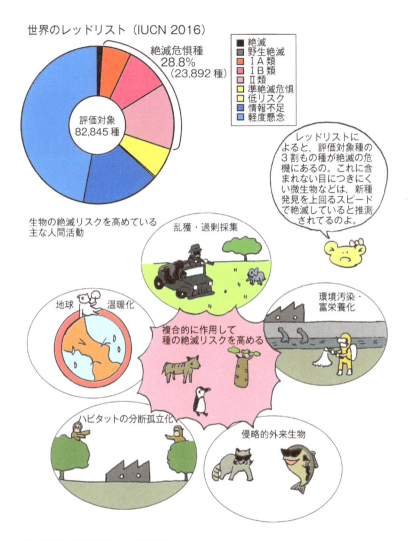

図 3.2 現代の絶滅リスクの高まり

獣として駆除の対象となる），③生息に大面積を必要とする大型哺乳動物（生息生育場所の喪失，分断・孤立化，環境汚染の影響を受けやすい），④特殊な環境に適応している種（その環境が失われれば絶滅），⑤環境変化に適応しにくい世代時間の長い種などである。68頁でとり上げる大型哺乳動物の多くは②③⑤に当てはまる。

大型哺乳類の大量絶滅

　現生人類がほかの生物に比べ格段に大きな環境操作能力を身につけて以来，大型で寿命の長い動物は強い絶滅のリスクにさらされつづけている。地球第六回目の大量絶滅の第一波として疑われているのが，ヒトが人口を増加させ，起源地のアフリカから出てオーストラリア大陸やアメリカ大陸に侵入した頃に起こったと推定されるメガファウナ，すなわち，大型哺乳動物（44kg 以上の体重をもつ哺乳類）の絶滅である。大型哺乳類にはヒトも含まれる。

　その大量絶滅の犠牲になったのは，主に草原に生息する大型哺乳類である。ヒトによる狩猟と環境の改変は，最終氷河期後の温暖化による草原の森林化などとも相まって，大型哺乳動物の絶滅リスクを著しく高めたと推測されている。

　オーストラリア大陸やアメリカ大陸での大型哺乳動物の絶滅については比較的よく研究が行われている。ゾウ目のマストドンは 1 万 1,000 年前に絶滅。マンモスも同じ頃に絶滅したとされている。およそ 1 万年前までに体重の大きな哺乳動物が多く絶滅したため，地球の哺乳動物の体重は，全体として小さいほうに大きく偏ることになった。

　アフリカやアジアでは，その時代にはそれほど激しい絶滅は認められていない。現在は高い絶滅のリスクにさらされているアフリカゾウやアジアゾウもほかの大型哺乳類とともに今日まで存続した。それは，古くからのヒトの暮らしの戦略，多様な環境で多様な食料を採集利用し，自然と共生する暮らしの持続によるとも考えられる。日本列島では，ナウマンゾウ，オオツノシカ，マンモスなど大型哺乳類の多くが絶滅したが，それはむしろ，気候変動による草原の喪失と森林化が主要な原因であったと考えられている。

　大型哺乳類の絶滅や数の減少自体が生態系に大きな影響を及ぼす。そのひとつが，降水量の多い地方での草原の減少と森林化である。芝と呼ばれるイネ科の草本植物は，大型の草食動物に食べられることにとくに適応している。根際に成長点があり，葉を食べられてもそこからわくように新たな新葉が成長する。草食動物が葉を食べるときに実った種子も口に入り消化管を通って「肥料」とともに排泄されることで親植物から離れた場所で芽生えることができる。イネ科の草の手強い競争相手である樹木の実生や広葉の草本植物は，成長点が高い位置にあり，食べられると再生が難しい。大型草食動物は競争相手も除いてくれる。その採食がなくなると，草原の主役であるイネ科草本は競争で排除される。樹木の実生が食べられなくなるので，草原はやがて森林へと移行する。芝生を維持するためには，芝刈りをしなければならないが，それはヒトが大型草食動物の役割の一部を代行することで草丈の短い草が優占する状況を維持しているともいえる。

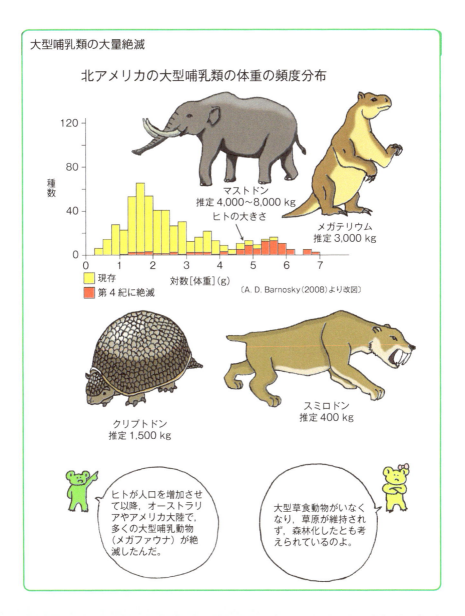

大型哺乳類の大量絶滅

北アメリカの大型哺乳類の体重の頻度分布

種数

120

80

40

0

マストドン
推定 4,000～8,000 kg

ヒトの大きさ

メガテリウム
推定 3,000 kg

0　1　2　3　4　5　6　7
対数[体重](g)

現存
第4紀に絶滅

〔A. D. Barnosky（2008）より改図〕

クリプトドン
推定 1,500 kg

スミロドン
推定 400 kg

ヒトが人口を増加させて以降，オーストラリアやアメリカ大陸で，多くの大型哺乳動物（メガファウナ）が絶滅したんだ。

大型草食動物がいなくなり，草原が維持されず，森林化したとも考えられているのよ。

　北アメリカでは，ヨーロッパからの植民によりバイソンなどの大型哺乳動物が減少したのち，ユーラシア大陸から導入されたウシなどの家畜が草原の維持に寄与することとなったが，優占する草原の植物も多くがユーラシア大陸から持ち込まれたものである。

地球環境の限界を超えた「生物多様性の損失」

　スウェーデンのロックストローム博士が率いる欧米の研究チームは，現在の**地球環境の現状**を人類の持続可能性にとっての安全限界の点から分析・評価し，2009 年に連名で英科学誌『Nature』（461 巻，472 – 475 頁）に論文を発表した。

　研究チームが検討したのは，①人間活動に起因する**気候変動（地球温暖化）**，②**生物多様性の損失**，③**窒素・リンの地球生物化学的循環への人為的干渉**，④成層圏における**オゾンの減少**，⑤**海洋の酸性化**，⑥**淡水利用**，⑦**土地利用**（開発など），⑧大気へのエアロゾル（大気中に分散している微粒子）の蓄積，⑨**化学汚染**，の 9 つの地球環境問題である。

　このうち，⑨の化学汚染については，安全限界を超えていることが懸念されるものの，環境中に存在する膨大な数の化学物質の影響，とくに複数の物質が同時に作用した際の**複合影響**についての科学的知見が不足しており，評価が行えなかった。それ以外の 8 つの問題のうち，安全限界からの明らかな逸脱が認められたのは，人為的な気候変動（地球温暖化），生物多様性の損失，および窒素循環の改変の 3 つであった。そのなかで，安全圏からの逸脱がもっとも大きいと判定されたのが生物多様性の損失である。評価のための定量的指標として用いられたのは，**絶滅率**（1 年に 100 万種のうち何種が絶滅するか）である。ヒトの影響がなかったバックグラウンドの絶滅率は，化石の証拠にもとづき 100 万種あたり年間 0.1 ～ 1 種と推定される。安全限界は，バックグラウンドの 10 ～ 100 倍以内と仮定し，100 万種あたり 10 種とされた。現在から近未来の絶滅率は，バックグラウンド絶滅率の 100 ～ 1,000 倍に達しているので，安全圏から大きくはみだしていると判定された。

　安全圏から外れている**地球温暖化**および**窒素循環の改変**（窒素集積・富栄養化，大気中の N_2 から化学合成した窒素肥料の大量使用が主要な原因），さらには土地利用の変化，とくに森林や湿地の農地としての開発なども生物多様性を失わせる原因となる。すなわち，生物多様性は，ほかの環境問題の影響を反映する，地球環境のもっとも**総合的な指標**であるともいえる。生物多様性の損失が安全圏からもっとも逸脱しているのはそのためである。

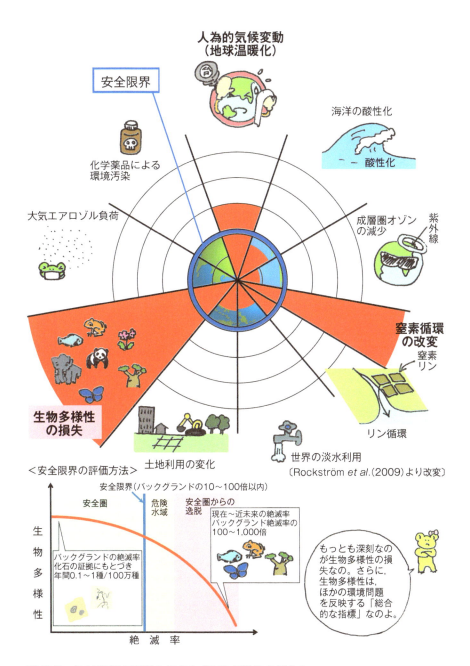

図3.3 地球環境の限界を超えた「生物多様性の損失」

人為的気候変動
（地球温暖化）

安全限界

海洋の酸性化

酸性化

化学薬品による
環境汚染

大気エアロゾル負荷

成層圏オゾン
の減少

紫外線

窒素循環
の改変

窒素
リン

生物多様性
の損失

リン循環

土地利用の変化

世界の淡水利用

〔Rockström *et al.*（2009）より改変〕

＜安全限界の評価方法＞

安全限界（バックグランドの10～100倍以内）

安全圏

危険
水域

安全圏からの
逸脱

現在～近未来の絶滅率
バックグランド絶滅率の
100～1,000倍

生物多様性

バックグランドの絶滅率
化石の証拠にもとづき
年間0.1～1種/100万種

絶滅率

もっとも深刻なの
が生物多様性の損
失なの。さらに，
生物多様性は，
ほかの環境問題
を反映する「総合
的な指標」なのよ。

絶滅どころか蔓延する種

　人間活動の影響による絶滅のリスクは，すべての生物種に同じように生じるわけではない。種によっては，むしろ，個体群を増大させているものもある。現代の土地利用によって拡大している農地，植林地，人工草地，都市などは，強い人間活動支配のもとにある単純化した生態系である。それらは，富栄養化と化学汚染などの影響を強く受けている。そのような人為的環境に適応した種は，世界各地に分布を広げて**コスモポリタン**の**侵略的外来生物**となるものもあり，雑草・害虫，家畜・作物・ヒトに寄生する病原生物などとして人間活動にさまざまな障害をもたらす。適応進化の基本的な条件（44頁）から考えれば，世代時間が短く，増殖力の大きいこれらの生物が人為的な圧力の強い環境において急速に適応進化することは当然の生態学的帰結である。

　すなわち，現代の大絶滅は，一部の侵略的な種の蔓延を伴っており，今後，人々は，生物多様性の恩恵（第1章）に浴することが少なくなる一方で，「厄介な生物との戦い」に明け暮れなければならなくなる。

　また，人為的な環境改変に応じて，一部の在来生物が異常ともいえるほど増加する現象もみられる。たとえば，各地で**ニホンジカ**の増えすぎが指摘されている。国立公園などの生物多様性保全にとって重要な地域では，絶滅危惧種などに深刻な影響を与えている。シカの好む植物は食害で局所絶滅し，毒やシカが嫌いな物質を含み，シカが食べない植物が優占するからである。餌の少ない冬には，木の樹皮も食べて立ち枯れさせることもある。シカの影響で消失した植物を食草にしていた昆虫の減少や，優占する植物を食草とするチョウの異常な増加などもみられる。

　シカの個体群の増加は複合的な原因によるものであるが，温暖化による積雪量の減少などによる冬季の子ジカの死亡率の低下や，雌の栄養状態の改善による出生率の増加などが一因と考えられている。さらに，道路網の発達と緑化に使われる外来牧草などの増加もその要因として挙げることができるだろう。餌が乏しい冬季に移動が容易になる一方で，越冬場所や移動路の周囲に栄養豊富な牧草や枯れ草が豊富に存在する。舗装道路は車の走行に適しているだけではなく，野生動物の移動路としても最適である。山地を含めて道路網が発達して

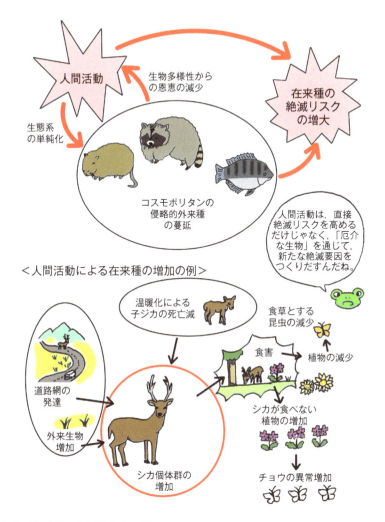

図3.4 絶滅どころか蔓延する種

いる現在，野生動物の移動ポテンシャルはかつてなく大きくなっている。また，牧場だけではなく，砂防工事や道路建設の現場でも緑化のために外来牧草が植えられ，逸出している。今日では道路脇の明るい立地はどこでもシカの餌になる牧草が豊富に存在する。人間活動は，その影響に脆弱な種を絶滅させる一方で，一部の生物の個体数の増加や分布拡大を助長し，脆弱な種にとっての新たな絶滅要因をつくりだしているといえる。

3.5 乱獲・過剰採集

　ヒトは，産業社会が発達する以前には，食料，建材，衣服の材料となる生物資源などの多くを採集（狩猟・漁獲も含む）して暮らしてきた。現代の産業にも野生の生物資源の採集に依存するものもある。

　限度を超えた特定の生物種の採集利用は，種の絶滅リスクを高め，資源を枯渇させ，その資源の供給サービスそのものを損なう。生息・生育環境の悪化などとも相まって乱獲や過剰採集が主要な絶滅要因となっている種は少なくない。アフリカやアジアの森林では，ブッシュミートの取引のための乱獲が絶滅危惧種のリスクを高めている。

　現代でも，**水産資源**は採集に頼る割合が大きい。採集は古い時代から続いてきた営みであるが，近年になると，大型**トロール漁法**による効率的な漁獲など，近代的な漁獲技術を用いて大量の資源を一網打尽にして利用するようになった。その結果，多くの水産資源が種の絶滅リスクを高め，**資源崩壊**ともいうべき現状にある。

　日本人が利用する水産資源のなかには絶滅リスクの高い魚類が含まれている。マグロやウナギである。**ニホンウナギ**は，太平洋のグアム島・マリアナ諸島付近の産卵場所で生まれた幼生が，成長しながら海流にのって日本列島にやってくる。シラスウナギが河口域から河川を遡上し，淡水生態系や汽水生態系で成長して成熟すると海に出て産卵場所に向かう。完全な養殖技術が確立していないため，シラスウナギを採集して養殖したものが流通している。養殖用のシラスウナギの漁獲量は，ここ数十年間減少の一途をたどっている。

　2013年には，ニホンウナギは環境省のレッドリスト（第5章）に絶滅危惧IB類として掲載され，引き続きIUCN（国際自然保護連合）の2014年のレッドリスト（IUCN Red List of Threatened Species 2014.1）にも「Endangered（絶滅危惧IB類）」として掲載された。

　国際的に絶滅のリスクが高いとされているウナギはニホンウナギだけではない。ヨーロッパウナギは1980年代から漁獲量が急減し，2008年にIUCNのレッドリストで最高ランクの絶滅危惧IA類に指定された。その激減の主要な原因は，中国で養殖された安価なヨーロッパウナギを日本の消費者が大量に消費し

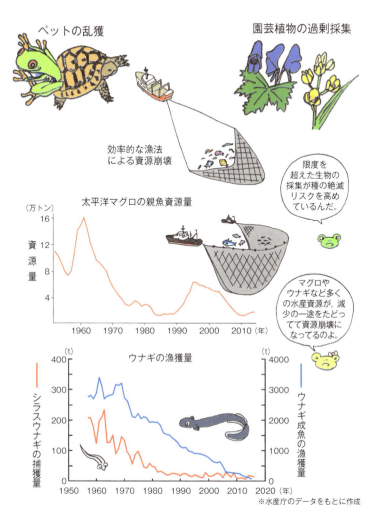

図 3.5 乱獲・過剰採集

たことにある。ニホンウナギの減少も，シラスウナギの乱獲が河川の生息環境
の悪化と相乗的に作用した結果であると推測される。

　ペットや園芸植物として商業取引される希少生物も，過剰採集によって絶滅
リスクを高めている。経済のグローバル化は，その傾向を強めている。その対
策としての国際取引の規制は，**ワシントン条約**（第5章）にもとづいて実施さ
れている。

3.6 絶滅をもたらすハビタットの 分断・孤立化

　多くの生物の直接の**絶滅要因**となっていると考えられているのは，近年の土地利用の変化や開発による生息・生育場所（ハビタット）の消失および分断・孤立化である。分断・孤立化は，かつては連続した広いハビタットが存在していたものが，開発に伴い小面積の残存ハビタットが島のようにとり残されることをいう。湿地や自然性の高い森林の生物がとくにその影響を受けやすい。現在，地球規模で問題になっているのは，食料やバイオ燃料（パームオイル）の生産を目的とした農地開発による湿地や熱帯林の消失・分断・孤立化である。都市などヒトの居住地の拡大によって野生生物のハビタットが消失し，分断・孤立化が進んでいる地域もある。

　日本列島では，**埋め立て**や**干拓**などによって，湿地や干潟のハビタットの分断・孤立化が進行し，淡水生態系や沿岸域の生物多様性の喪失が顕著である。環境省がまとめた**レッドデータブック**における絶滅危惧種の絶滅要因には，それがよく表れている（図3.6）。分類群を問わず，さまざまな「開発」が絶滅のリスクを高めていると評価されているからである。

　ハビタットが完全に失われなくとも，分断・孤立化すると個体群の存続が難しくなる。その理由は，残されたハビタットにはわずかな個体数が生息・生育できるにすぎないからである。生物の個体群は，個体数が減少すると，第4章で詳しく述べるように，絶滅のリスクを高める。

　一生のうちに複数のハビタットを必要とする生物は，分断・孤立化で移動が妨げられると，その生活史をまっとうできなくなる。海と川の上流域の間を回遊する多くの魚類，川や湖から氾濫原湿地の止水域（かつての水田を含む）にのぼって産卵する淡水魚，幼生期には水域で過ごし，成体になると樹林で暮らす両生類など，一生のうちにいくつかの異なるハビタットを利用する魚や両生類は，ダムや堤防，河口堰や防潮堤などの人工構造物，農地開発，市街地化などにより移動が妨げられると個体群の存続が難しくなる。

　渡り鳥など広い空間を季節的に移動する生物は，一方のハビタットの消失・減少により，ハビタットが十分に残されている地域でも減少が認められることがある。サンコウチョウなどの夏鳥の減少は，越冬地の東南アジアの森林の消

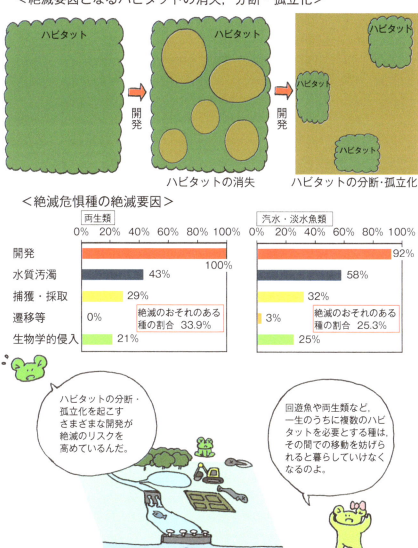

図 3.6 絶滅をもたらすハビタットの分断・孤立化

失・分断・孤立化が原因のひとつと考えられている。

外来生物の影響

　外来種（**外来生物**）は，特定の地域（日本列島，あるいはそのなかの地方など）の生態系に，人間活動に伴って意図的あるいは非意図的に新たにもたらされる生物（種もしくは下位の分類群・個体群）を意味する。それに対して，地域に自生する種は在来種である。種内の地域個体群もその分布域外では外来種であり，国内外来種と呼ぶ。外来種が野生化して定着すると，生物多様性，生態系，ヒトの健康・生命および生産活動などに望ましくない影響を及ぼすことがある。そのような問題を引き起こす外来種を**侵略的外来種**（**侵略的外来生物**）と呼ぶ。

　外来生物（外来種）の影響は，現在では，ハビタットの消失・分断・孤立化，乱獲・過剰利用，地球温暖化などとともに生物多様性を脅かすもっとも重要な要因のひとつとなっている。競争，捕食，病害などの拮抗的な生物間相互作用を通じて，また，植物では優占によるハビタットの改変により，在来種の絶滅のリスクを高めるからである。在来種との間に雑種をつくることで在来種の絶滅リスクを高めることもある。

　侵略的な外来種の侵入が大量絶滅のリスクをもたらした顕著な例としては，水産用に導入された**ナイルパーチ**が，ビクトリア湖やタンガニーカ湖などの隔離された水系で，何百種にも及ぶ適応放散を遂げていた**カワスズメ科の魚類**を激減させたことが挙げられる。

　昆虫，細菌，一年草など，世代時間が短く増殖力の大きい生物は，短期間のうちに世代を重ねて新たな環境のもとで適応進化し，侵略性をいっそう高める。繁殖力が大きく世代時間の短い生物については，初期の対策をためらうと爆発的に増加，あるいは侵略性を強め，問題が深刻化する。

　適応進化の代表的な例は抵抗性の進化である。ハルジオンなど，多くの雑草が除草剤抵抗性を獲得し，除草剤で雑草が管理される地域で猛威をふるっている。最近では，除草剤グリホサート（商品名ランドアップの有効成分）に抵抗性のある**ネズミムギ**（牧草名**イタリアンライグラス**）が水田畦畔に広がっている地域も認められている。ネズミムギは，水稲の主要な害虫のひとつである**斑点米カメムシ類**の増殖源となり，また，コムギ畑の強害雑草としても問題を起

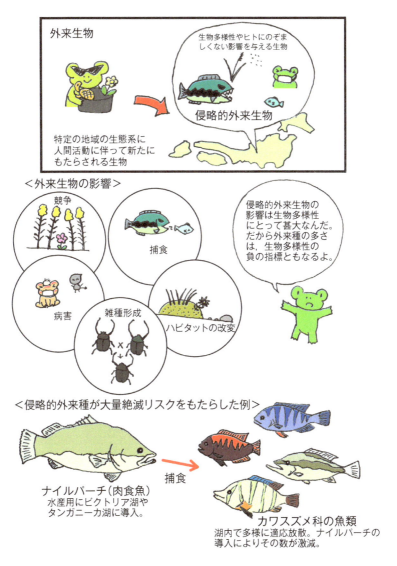

図 3.7 外来生物の影響

こす外来牧草である。

　侵略的外来種の影響は甚大で，生態系に不可逆的な影響を与えて生物多様性を大きく損なうことから，外来種の多さ（外来種がフロラやファウナに占める割合など）は，生物多様性の負の指標となる。

カエルの受難：オレンジヒキガエルの絶滅

コスタリカは，熱帯の自然が豊かに残されている国である。しかし，1987年に近年の絶滅種としてもっとも有名な種のひとつでもあるオレンジヒキガエルが絶滅した。同じ時期に同じ雲霧林を生息場所としていた20種類のカエルが絶滅したとされる。それは地域のカエルの40％にものぼる。この頃，世界中でカエルが消えつつある事実も明らかになった。その絶滅の原因を探る研究プロジェクトが活発に展開し，両生類の減少に関しては，種によって，また地域によって，次のような要因がいくつか組み合わされ，複合的に作用していることが明らかにされた。

●ペット用の商取引と関連した乱獲

両生類がペットとして人気を博すようになり，珍しいカエルが乱獲され，国際的に取引されるようになった。輸送などの過程で死亡率が高いため，大量に捕獲して生き残ったものを売るシステムとなる。そのため，1匹のペットの背後で，多いときは何千，何万匹もが犠牲になる乱獲が行われる。

●酸性雨

20世紀後半には，北半球の高緯度地域で酸性雨による生態系への被害が激しくなった。湖の水質が酸性になり，そこに生息する生物がそれまでに経験したことのない環境のもとで多くの生物が死滅した。

●オゾン層の破壊による紫外線増加の影響

ヒトも強い紫外線を浴びると皮膚がんになるなど，紫外線は生物にとって有害なものである。大気中に放出されたフロンの影響でオゾン層が破壊され，地表に紫外線が多く照射されるようになり，ヒトも含めてそのリスクが高まったが，カエルは毛も羽もなく皮膚が露出しているので，とくにその影響を受けやすいことが指摘された。

●新奇な疫病の発生（外来生物の影響）

一般に，今まで接触したことのないような寄生生物や病原生物に対して生物は防御機構をもっていないことが多く，流行病が起こりやすい。地域によってはツボカビによる病気がカエルの絶滅リスクを高めた。

●新規化学物質による免疫系の弱体化

これまで自然界に存在していなかった毒性のある化学物質（環境ホルモンなど）が体のなかにとり込まれると，免疫系を弱体化させる可能性がある。カエルは水中で生活しているので，皮膚から化学物質をとり込みやすく，化学的な汚染の影響をとくに受けやすい。

●温暖化に伴う異常気象（干ばつなど）

温暖化に伴う異常気象で地域によっては，これまで経験しなかったような干ばつが続くようになったところがある。産卵・幼生（オタマジャクシ）の生育に必要な小水

カエルの受難：オレンジヒキガエルの絶滅

<研究プロジェクトが明らかにした世界中のカエルの絶滅原因>

域もしくは成体も含めて，その生息に欠かせない十分な湿度が保障されなくなり，生存・繁殖が難しくなる。オレンジヒキガエルなど雲霧林のカエルの絶滅には，ほかの要因とともに干ばつが重要な影響を与えたと考えられている。

●**生息場所の喪失および分断・孤立化**

　水辺や森林の開発により，水辺と森林の両方を必要とするカエルの生息場所が失われたり，分断・孤立化が進み，その間での移動が妨げられると，カエルはその地域では生息できなくなる。

　これらは両生類に限らずヒトも含めて広く影響を及ぼすリスクである。両生類の急激な減少・絶滅が目立つようになったのは，幼生期に水のなかで生活し，皮膚が露出しているので化学汚染物質や紫外線の影響を受けやすく，幼生と成体が別の生息環境を必要とするので，20世紀後半の人為的な環境改変の影響をいち早く受けたものといえるだろう。

An Illustrated Guide to Biodiversity

第4章

絶滅のプロセスとリスク

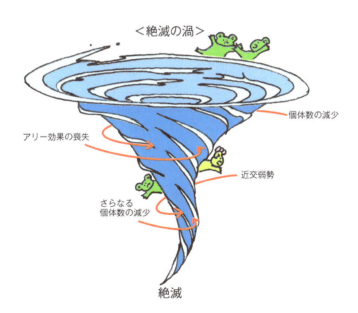

＜絶滅の渦＞

個体数の減少

アリー効果の喪失

近交弱勢

さらなる
個体数の減少

絶滅

個体数が減少して「小さな個体群」となると，
いくつかの決定論的要因と確率論的要因の作
用により，絶滅のリスクが高まる。

現代の絶滅のリスクにさらされているのは，希少な生物だけではない。第3章で概観した人間活動の影響は，本来は個体数の多い**普通種**も容赦なく絶滅に追い込む。

その代表的な例は，北アメリカでもっとも個体数が多い鳥であった**リョコウバト**である。かつてその個体数が50億羽ほどであったとの推定もあるが，ヨーロッパからの移民による開拓がはじまると100年あまりで激減し，20世紀初頭に野生絶滅，1914年には飼育されていた最後の個体が死ぬことで絶滅した。絶滅の主な要因は，繁殖のためのハビタットの森林が開発で急速に減少したことに加え，肉を食用にするために乱獲されたことなどであった。

種の絶滅は，個体群の絶滅を通じて起こる。個体群が絶滅に至る過程では，必要な保全の対策が異なる2つの段階を区別することが必要である。

第一の段階は，個体数の減少が続き衰退しつつある個体群の段階であり，この段階で必要な保全は，その減少をもたらしている原因を明らかにして，それをとり除くことである。

第二の段階は，衰退過程の結果として，個体数がそれぞれの種に特有な限界値よりも少なくなり，個体群は絶滅しやすい小さな個体群となった段階である。**小さな個体群**は，絶滅する可能性（絶滅確率）が高く，その保全のためには個体数の回復を図ることが必要となる。小さな個体群の実際の大きさは，それぞれの種の生物学的・生態学的な特性や個体群の来歴などによって異なる。いずれにしても，その種にとって十分に**絶滅リスク**を低減させることができるだけの個体数を確保することが保全のための基本的な対策となる。

現在，生物の絶滅のリスクを高めている人間活動に由来する直接の要因は，前章でも述べたように，直接個体を間引く**乱獲**や**過剰採集**，農薬など有毒物質による**環境汚染**や**富栄養化**などの生息・生育場所（ハビタット）の環境劣化，**侵略的外来生物**の影響，**ハビタットの分断・孤立化**などである。それらの複合的影響で，小さな個体群の状態に陥る種が少なくない。現在，地球規模で，生息・生育地の損失と分断・孤立化をもたらす要因として重大なのは，食料やバイオ燃料の生産を目的とした湿地や熱帯林の農地開発である。

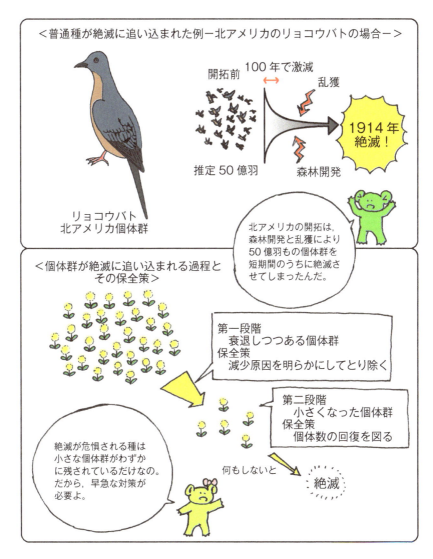

図 4.1 絶滅に向かう過程と小さな個体群

　野生生物の生息・生育に適した自然林や湿地は，農地や植林地として開発されたり，市街地やリゾート地の開発がなされると急速に縮小し，面積の小さい孤立したハビタットに，絶滅のリスクを高めた野生生物の小さな個体群がわずかに残される。

4.2 小さな個体群の絶滅リスク

　生物の個体数は，自然に変動し，ときに非常に大きく変化する。しかし，ここで問題にするのは人間活動に起因する一貫した個体数の減少である。今では，さまざまな人間活動がもたらす圧力（第3章）によって個体数を減少させ，絶滅リスクを高めている種が少なくない。4.1節で述べたように，絶滅に向かう過程では，個体数が減少して絶滅のリスクの高い小さな個体群になる。

　その絶滅のリスクを高める要因としては，個体数が少なくなることによって確実に**生存率**や**繁殖率**を低下させる**決定論的要因**と，偶然性が個体群の運命に大きな作用をもつようになる**確率論的要因**がある。

　決定論的要因としては，**近交弱勢**（近親交配による生まれる子の減少と子の生存力や繁殖力の低下），**アリー効果**（適応度が個体数や個体密度に依存し，個体数が少ないときに適応度が低下）が重要である。これらの要因は，種の生物学的特性や個体群の来歴に応じて現れ方や大きさが大きく異なり，事例ごとに個別の検討が必要である。しかし，アリー効果のうち，個体数が少なくなると相性のよい配偶相手を得にくくなり，有性生殖の成功率が下がる効果は，動物にも植物にも広く認められる。

　確率論的要因は，数が少なくなることに伴って偶然が個体群の運命を大きく支配するようになることである。決定論的な要因に比べると，絶滅確率と個体数との関係についての一般論が成り立ちやすく，シミュレーションモデルなどによる予測もしやすい。確率論的な要因には次のようなものがある。

①**環境確率変動性**：通常範囲内の環境の変動に基づく個体群の変動。予測モデルでは，個体群動態に関する変数の時間変動（分散）で表す。

②**カタストロフ**：山火事，洪水，地震，台風など，個体群全体の運命に大きな影響を与える環境の効果。小さな個体群は1回のカタストロフで絶滅する。1992年にハワイ島を巨大ハリケーンが襲った際，3種の鳥類の絶滅危惧種が絶滅した。極端な環境確率変動としてとらえることもできるが，まれな事象であるため，標本抽出によって効果を分析することができず，シュミレーションモデルなどでの予測は難しい。

③**個体群統計確率変動性**：**標本抽出効果**の一種であり，個体群の平均的な適応

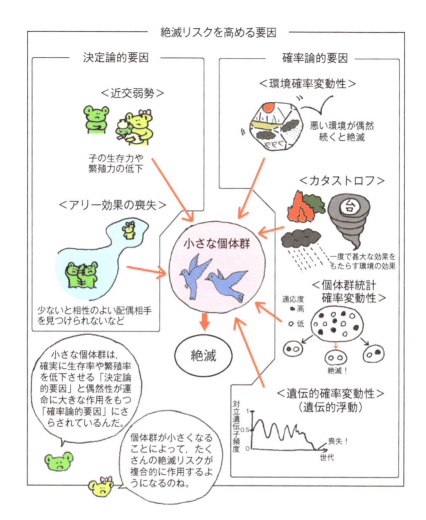

図 4.2 小さな個体群の絶滅リスク

度や繁殖成功度が安定していても，特定の個体が生存や繁殖に成功するか否か
が偶然に支配されること。50 個体以下の小さな個体群では，この効果が顕著
になる。

④**遺伝的確率変動性**：遺伝的浮動と呼ばれる。対立遺伝子の頻度が偶然により
ランダムに変動することをいう。**遺伝子頻度の偏り**を生じ，特定の対立遺伝子が
失われることもある。小さな個体群が**遺伝的多様性**を失う要因のひとつである。

column　決定論的要因と確率論的要因：植物の場合

　小さな個体群の絶滅のリスクの要因として，個体数が少なくなると確実に作用して生存率や繁殖率を低下させるのが決定論的要因，個体数が少ないことで偶然性の効果が大きくなることによるものが確率論的要因である。

　いずれの要因にも，遺伝的要因とそれ以外の要因がある。決定論的な遺伝的要因として重要性が高いのは，近交弱勢（近親交配による生存力や産子数・種子数の低下）と繁殖型（交配型，雌雄など）の偏りである。

　多くの生物種に認められる密度効果としてのアリー効果（個体密度が低くなると適応度が低下する現象）も小さな個体群で絶滅のリスクを高める。アリー効果には，生物のグループによって異なるさまざまな原因が考えられる。動物，植物の多くの種に共通なもっとも一般的な原因は，相性のよい配偶相手と遭遇する可能性が低下することである。多くの植物は，送粉（おしべの葯からめしべの柱頭に花粉を送り届けること）にポリネータが必要であるが，個体群が分断・孤立化するとポリネータとの生物間相互作用が難しくなることで，繁殖に支障が生じる。なぜかといえば，ポリネータは，一般的に花がまとまって咲いている場所に誘引されるので，少数の花が孤立して咲いている場所にはポリネータが訪れることが期待できないからである。また，たとえポリネータが訪れたとしても，体についた花粉は，近くにその植物と同じ種の他個体が存在しなければ有効な送粉に役立つことができない。

　植物では，遺伝子が動く機会は花粉や種子の段階，個体が動けるのは種子の段階のみである。いずれも移動距離に制約があるため，個体群のなかには近親個体が集中する遺伝的な空間構造である近縁構造が認められることが多い。個体群の縮小や分断・孤立化が起こると，近親個体のみが残されることになる。したがって，近交弱勢（92頁）が個体群の運命を左右する可能性が高い。

　植物には自家不和合性など，近交弱勢を回避するための適応が多くみられるが，小さな個体群では繁殖の可能性が損なわれることもある。すなわち，繁殖型が異なる相性のよい配偶相手が個体群のなかに存在せず，有性生殖がまったくできなくなるなどである。

　個体群サイズの縮小は，遺伝的な浮動による適応的な遺伝子の変異の低下を介して，個体群の環境変動への脆弱性を高めることもある。これらいくつかの理由により，遺伝的劣化と個体群の縮小の相互的加速現象が起こる可能性がある。植物によっては，同じ花，同じ個体の花粉を受粉して結実する自殖をするものがある。それは極端な近親交配であるといえる。それに対して他の個体の花粉を受粉して結実する繁殖を他殖という。個体の成長（地下茎を伸ばして二次元に広がるクローン成長を含む）により，同じ個体が多くの花を同時につければ，たとえポリネータが訪れたとしても自殖しか

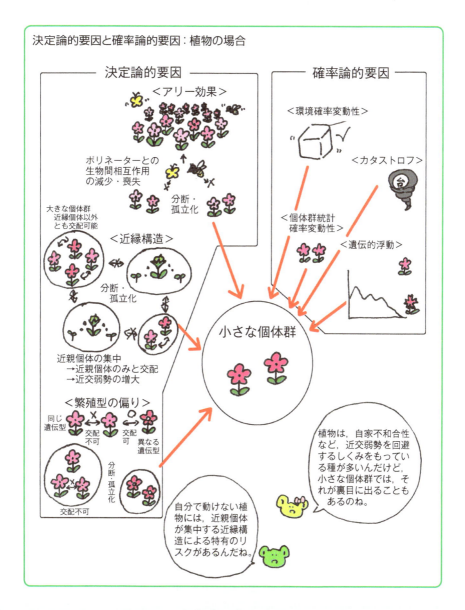

決定論的要因と確率論的要因：植物の場合

起こらない。

　同じ植物の株が多くみられ，一見すると孤立していないようにみえても，それはクローン成長によって広がった一個体である可能性がある。そのような場合には健全な種子による繁殖が難しい。

アリー効果のいろいろ

　一般的に，生息・生育に必要な資源の共通性が高い同種の個体の間では競争が激しいことから，個体の密度が高くなると，競争によって個体の適応度（次世代に残す子どもの数で評価した個体の生存や繁殖の成功度）が低下する密度効果が認められる。競争がほとんど問題にならない少ない個体数の場合には，それとは逆に同種個体の集合が適応度を大きくする効果が認められ，**アリー効果**と呼ばれる。

　草食動物など，大きな群れで生活する動物ではこの効果が顕著である。効果が生じる理由のひとつは，天敵に対する見張りを交代で行えることなどである。大きな群れでは，1 頭が見張りに使う時間は短くてすむため，それぞれの個体が草を食べる時間を多く確保できる。たとえば，2 頭で代わる代わる見張りをする場合（餌を採る時間と見張りの時間は 1：1）に比べると，200 頭の群れの場合（餌を採る時間と見張りの時間は 199：1）には，餌を食べる時間を 200 倍近くとることができることになる。群れが大きければ大きいほど餌を多くとれることが適応度へのプラスの効果を生じる。

　さらに一般的なアリー効果は，88 頁のコラムで解説した繁殖における効果である。個体密度が高ければ，遺伝的に相性のよい他個体と出会い配偶する可能性が高まる。また，出会うために費やすエネルギーも少なくてすむ。

アリー効果（繁殖における効果）

　　　<個体密度が高い個体群>　　　　　　　　<分断・孤立化した個体群>

・遺伝的に相性のよい個体と出会い遭遇する確率が高い。
・出会うために費やすエネルギーも少ない。

・遺伝的に相性のよい個体と出会う可能性が低い。
・出会うために費やすエネルギーが多い。

アリー効果を生む原因のひとつ（群れをつくる動物の場合）

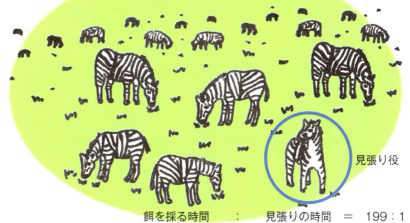

<200 個体の大きな群れの場合>

見張り役

餌を採る時間　：　　見張りの時間　＝　199：1

<2 個体の小さな群れの場合>

餌を採る時間　：　　見張りの時間　＝　1：1

群れが大きいと
一頭あたりの天敵を
見張る時間が少なくて
すみ，餌をとる時間が
十分にとれる。これも
アリー効果を生む
理由のひとつ
なんだ。

アリー効果は，
相性のよい配偶
相手との出会い
やすさなど，繁
殖にも有利に作
用するのよ。

近交弱勢の主要な原因：有害遺伝子の発現

　近親交配の子孫がそうではない交配の子孫に比べて生存力や繁殖力が劣る場合，その適応度の低下を**近交弱勢**という。その主な理由は，有害遺伝子が発現しやすいことであると考えられている。

　DNA は化学的に安定性が高いものの DNA の複製や修復の際に化学的誤りである突然変異がまれに生じる。そのため，生物のゲノムには突然変異が蓄積している。突然変異は，紫外線，放射線，化学物質の影響などで頻度が高まる。突然変異の多くは，機能上の効果を表すことのない自然選択から中立なものであるが，なかには発現すれば個体の適応度を低下させる有害なものもある。

　多くの生物は 2 倍体（相同染色体上にそれぞれ同じ遺伝子座をもつ）もしくはそれ以上の高次倍数体である。そのため，たとえ有害な突然変異遺伝子をもっていても，それが潜性（劣性ともいう）であれば正常な野生型遺伝子とヘテロ接合（同じ 2 つの遺伝子座の遺伝子が一方は野生型，他方は突然変異型のように異なる）であるかぎり，表現型に異常は表れず，適応度にも影響しない。多くの生物にみられる 2 倍体以上の倍数性は，有害な突然変異の効果を回避する適応と考えられている。

　突然変異の多くは確率的な現象であり，相同染色体の同一遺伝子座が突然変異でともに機能不全になることはきわめてまれである。そのため，有害性のある突然変異の率が 10^{-7} 程度であるとすれば，同じ遺伝子座の 2 つの対立遺伝子がいずれも機能を失う確率は 10^{-14} という，無視してもよいきわめて低い確率となる。

　野生型対立遺伝子とヘテロ接合であるかぎりにおいて，有害な効果が生じない突然変異（潜性）は，自然選択によって除去されないまま時間（世代）の経過とともにゲノムに蓄積していく。ゲノムには，個体群の履歴に応じて，いろいろな程度に有害な突然変異遺伝子が蓄積している。その潜在的な遺伝負荷は近親交配により現れる。近親交配では，同じ祖先から同じ有害な突然変異遺伝子を受け継いでいる確率が高く，それらがホモ接合になって発現しやすいからである。

　このように，突然変異遺伝子が発現して有害性が現れることが近交弱勢の主要な原因であると考えられているが，機能不全が深刻なものであれば，ホモ接合の個体は出生する前に流産などで除去される。そのような突然変異遺伝子は致死遺伝子と呼ばれる。効果がそれほどには大きくなく，また生活史段階のさまざまな段階に発現するものは弱有害遺伝子と呼ばれる。

　小さな個体群では，近親交配が起こりやすい。そのため遺伝的な負荷が蓄積していれば，近交弱勢として現れやすく，ほかの要因とも相まって個体群は絶滅の渦に巻き込まれる。

近交弱勢の主要な原因：有害遺伝子の発現

A：野生型遺伝子／顕性（優性）
a：突然変異型遺伝子／潜性（劣性）

紫外線
放射線
化学物質

A a 突然変異

潜性突然変異のヘテロ
接合体では顕性の野生
型の形質が表れ，適応
度は下がらない。

突然変異が 10^{-7} の確率で存在していると
すると，大きな集団のなかでは，

同じ突然変異を受け継いだ近親個体どうし
が交配した場合には，

[a の遺伝子頻度＝10^{-7}
[A の遺伝子頻度＝$1-10^{-7}$　　なので

[a の遺伝子頻度＝0.5
[A の遺伝子頻度＝0.5

遺伝子頻度	$1-10^{-7}$	10^{-7}
	A	a
$1-10^{-7}$　A	AA	Aa
10^{-7}　a	Aa	aa

突然変異体の現れる確率
$10^{-7} \times 10^{-7} = 10^{-14} = 1$ 兆分の 1 ％

遺伝子頻度	0.5	0.5
	A	a
0.5　A	AA	Aa
0.5　a	Aa	aa

突然変異体の現れる確率
$0.5 \times 0.5 = 0.25 = 25$ ％

普通の集団だとめったに
起こらない突然変異遺伝
子の発現が，近親交配に
よって起こりやすくなる
ことが近交弱勢の主要な
原因なんだ。

小さな個体群では，
近親交配が起こり
やすく，近交弱勢
によって絶滅が加
速されることがあ
るのね。

　生物の個体が無限の寿命をもつことはない。限りある寿命の個体の集まりである個体群の存続には，死亡した個体の数と同じか，それ以上の数の新個体の誕生が必要である。

　生物の個体群では，個体数が少なくなると一般に近親交配が優勢になり，近交弱勢で子孫の生存力や繁殖力が損なわれがちである。個体数が少なくなると適応度が低下するアリー効果も加わり，個体数が少なくなるにつれて，繁殖による新個体の誕生数を死亡する個体の数がしのぐようになる。個体数が減少するにつれて，これらの効果，とくに近親交配の効果がいっそう強まる。さらに確率論的な要因の効果も大きくなり，個体数の減少傾向は加速されていく。個体数が減少するにつれて絶滅のリスクが急激に高まっていく。これを，中心に近づくにつれて速度が速くなる渦にたとえ，「**絶滅の渦**」という。小さな個体群は絶滅の渦に巻き込まれやすい個体群であるともいえる。

　哺乳類の捕食者のなかには，すでに絶滅の渦のまっただなかにあるといえる種が少なくない。近交弱勢による遺伝的な劣化は，奇形などさまざまな生存・繁殖にかかわる遺伝形質に現れる。たとえば，残存個体が 30 頭あまりとされるピューマの亜種であるフロリダパンサーは，フロリダ半島の開発により生息場所が分断され，数頭ずつに分かれて孤立している。この個体群では，精子の奇形率が 95％にものぼり，子どもが生まれてもその半数は 6 か月以内に死亡する。生き残ったとしても，その個体にはさまざまな異常が認められる。これは，近交弱勢によって適応度が著しく低下していることを示していると推測される。

　スカンジナビアのオオカミについても，最近の 30 年間に奇形率が 3 倍に増加したことが報告されている。1960 年代には絶滅に瀕していたが，保全策が効を奏して個体数が回復し，2009 年には 210 頭を数えるまでになった。しかし，近親交配の影響で遺伝的な多様性が著しく低下しており，個体群が回復しても近交弱勢の影響が残っていることが，高い奇形率の原因とされている。

　これらの例から，近親交配による近交弱勢は個体群を絶滅の渦に巻き込む主な要因のひとつであることがわかる。

絶滅の渦

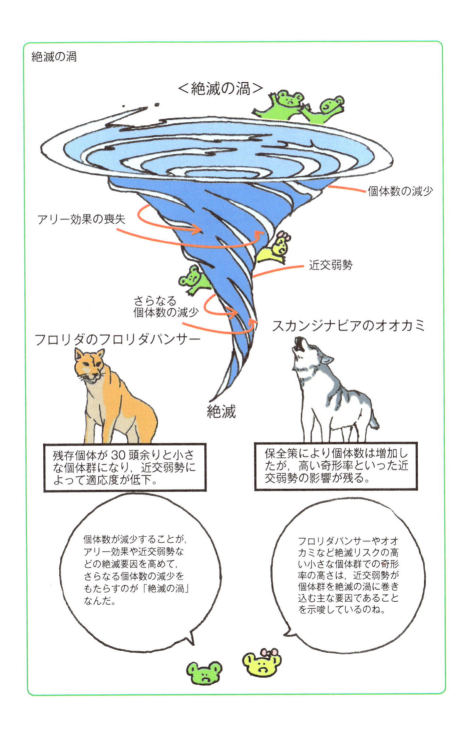

＜絶滅の渦＞

個体数の減少

アリー効果の喪失

近交弱勢

さらなる
個体数の減少

スカンジナビアのオオカミ

フロリダのフロリダパンサー

絶滅

残存個体が 30 頭余りと小さ
な個体群になり，近交弱勢に
よって適応度が低下。

保全策により個体数は増加し
たが，高い奇形率といった近
交弱勢の影響が残る。

個体数が減少することが，
アリー効果や近交弱勢な
どの絶滅要因を高めて，
さらなる個体数の減少を
もたらすのが「絶滅の渦」
なんだ。

フロリダパンサーやオオ
カミなど絶滅リスクの高
い小さな個体群での奇形
率の高さは，近交弱勢が
個体群を絶滅の渦に巻き
込む主な要因であること
を示唆しているのね。

第 **5** 章

生物多様性の保全（制度）

国際的には生物多様性条約のもと，日本国内
でもいくつかの法律にもとづいて対策が進め
られている。

5.1 生物多様性条約

　生物多様性条約（生物の多様性に関する条約：Convention on Biological Diversity；CBD）は，地球環境保全のための国連の主要な条約のひとつとして，1992年にブラジルのリオ・デ・ジャネイロで開かれた**国連環境開発会議**（通称地球サミット）で**気候変動枠組み条約**とともに採択された。気候変動枠組み条約と生物多様性条約は，地球環境保全のための両輪をなす主要な条約である。

　生物多様性条約の冒頭には，「生物の多様性が有する**内在的な価値**並びに生物の多様性及びその構成要素が有する**生態学上，遺伝上，社会上，経済上，科学上，教育上，文化上，レクリエーション上及び芸術上の価値**を認識し」との文言が記され，生物の多様性の保全が多様な価値の視点から人類共通の関心事であることを強調している。

　生物多様性条約は，生物多様性の保全，その持続可能な利用，および利用によって得られる利益の公正で衡平な配分を目標としており，現在では，世界中のほとんどの国（192か国と欧州連合 EU およびパレスチナ自治政府）が加盟している。

　生物多様性条約では，**生物の多様性**（＝生物多様性）を生命に現れているあらゆる多様性と定義し，**生物種の多様性，種内の多様性，生態系の多様性**を含むとしている。

　条約の締約国は 2 年ごとに締約国会議を開催して，条約の理念に基づく政策や実践を促す文書を採択してきた。生物多様性条約第 8 条（生息域内保全）および第 19 条（バイオテクノロジーの取扱い及び利益の配分）第 3 項を受け，2000 年には「バイオセーフティに関する**カルタヘナ議定書**」が締約国により採択された。2010 年秋に日本で開催された生物多様性第 10 回締約国会議（COP10）では，新しい「戦略計画」が採択された。**新戦略計画**は，生物多様性の現状分析・評価（地球規模生物多様性概況第 3 版）を踏まえた 2011 年からの計画であり，2050 年までの長期的なビジョン「自然と共生する世界」と 2030 年までの目標であるミッションのもと，2020 年までに達成すべき具体的な目標として 20 の**愛知目標**を定めている。COP10 では，利益の公正で衡平な配分のための**名古屋議定書**も採択された。

1992年　リオ・デ・ジャネイロで開かれた国連環境開発会議にて

UNITED NATIONS CONFERENCE ON ENVIRONMENT AND DEVELOPMENT
Rio de Janeiro 3-14 June 1992

地球環境保全のため！　Aye!　賛成！

気候変動枠組み条約
United Nations Framework Convention on Climate Change
採択

生物多様性条約
Convention on Biological Diversity
採択

・生物多様性の保全，その持続的な利用，利用によって得られる利益の公正で衡平な配分を目標。

・生物多様性を，「生命に現れているあらゆる多様性」と定義。生物種の多様性，種内の多様性，生態系の多様性を含む。

●2年ごとに締約国会議（COP）を開催

採択

政策や実践を促す文書を採択

●2010年秋 COP10（日本）

日本が議長国を務め，2010年以降の世界目標として「愛知目標」を含む，新しい戦略計画が採択された。「遺伝資源」の利用で生じた利益を，国際的に公平に配分するための名古屋議定書も採択された。

愛知目標を含む新しい戦略計画

名古屋議定書
採択

しかし，地球規模生物多様性概況第4版（2015年）では，20の愛知目標のほとんどが「進展はあるが，目標達成には不十分」との厳しい評価。

5%未評価
9%目標達成
57%進展はあるが，目標達成には不十分
29%進展なし

〔環境省Webページ「生物多様性」より改変〕

図5.1　生物多様性条約

5.2 ワシントン条約と種の保存法

　絶滅危惧種を保護するための国際的な枠組みとして**ワシントン条約**（絶滅のおそれのある野生動植物の種の国際取引に関する条約：Convention on International Trade in Endangered Species of Wild Fauna and Flora；CITES^{サイテス}）がある。

　条約の目的は，野生動植物の国際取引の規制を輸出国と輸入国とが協力して実施することにより，採取・捕獲を抑制して絶滅のおそれのある野生動植物の保護を図ることである。1973 年ワシントン D.C. で採択されたこの条約の締約国に日本がなったのは 1980 年である。現在，181 か国および欧州連合（EU）が締約国となっている。締約国会議は，原則として 2 年に 1 回開催されている。

　条約の**付属書**には絶滅のおそれの高い種がリストアップされ，その国際取引に規制をかけることを締約国に求めている。附属書 I には，絶滅のおそれのある種であって取引による影響を受けており，または受けることのあるもの約 980 種が掲載され，商業取引の原則禁止を求めている。それに対応する日本の国内法は「絶滅のおそれのある野生動植物の保存に関する法律」（**種の保存法**）である。同法では，ワシントン条約の付属書にもとづき，**国際希少野生動植物種**を指定し（現在約 700 種を指定），それらについては輸入等を禁じている。

　種の保存法は，これに加えて，**国内希少野生動植物種**を指定し，それらの種の採取や取引も禁じている。さらに，指定された種の一部については，生息地等保護区の指定や保護増殖事業計画にもとづく保全対策が実施されている。国内希少野生動植物種に指定されている種は，2017 年 1 月の時点で鳥類 37 種，哺^ほ乳類 9 種，爬^は虫類 7 種，両生類 11 種，魚類 4 種，昆虫類 39 種，植物 54 種を含む 208 種である。レッドリスト記載種（102 頁）に比べると国内希少野生動植物種は少ない。環境省は，国民からの提案制度も設け，指定種を増やすとりくみを実施している。

　現在，保護増殖事業計画にもとづく対策が実施されているのは，国内希少野生動物種の一部のみで，哺乳類は，アマミノクロウサギ，ツシマヤマネコ，イリオモテヤマネコ，オガサワラオオコウモリ，鳥類は，アホウドリ，トキ，タンチョウ，シマフクロウ，イヌワシ，ノグチゲラ，ヤンバルクイナなど 15 種，両生類はアベサンショウウオである。

＜絶滅危惧種を保護するための国際的枠組み＞

ワシントン条約（絶滅のおそれのある野生動植物の種の国際取引に関する条約）
採集・捕獲を抑制して，絶滅のおそれある野生動植物の保護を図ることを目的に
1973年に採択

付属書Ⅰ
掲載基準：絶滅のおそれのある種であって
　　　　　取引による影響を受けており
　　　　　又は受けることのあるもの
規制内容：商業のための輸出入禁止
掲載種：約980種

付属書Ⅱ
掲載基準：現在必ずしも絶滅のおそれの
　　　　　ある種ではないが，取引を厳
　　　　　重に規制しなければ絶滅の
　　　　　おそれのあるもの
規制内容：輸出入には，輸出国政府発行の
　　　　　輸出許可書等が必要
掲載種：約34,400種

付属書Ⅲ
掲載基準：規制を自国の管轄内において
　　　　　行う必要があり，他の締約国
　　　　　の協力が必要であるもの
種規制内容：輸出入には，輸出国政府発行
　　　　　　の輸出許可書又は原産地証明
　　　　　　書等が必要
掲載種：約160種

＜絶滅危惧種を保護するための日本の国内法＞

種の保存法（絶滅のおそれのある野生動植物の保存に関する法律）
　　ワシントン条約の付属書にもとづく国際希少野生動物種約700種の輸入禁止と，
　　国内希少野生動植物種の採取や取引を禁止し，一部について保護増殖事業を実施。

●国内希少野生動植物種に指定されている種の例

哺乳類
9種

両生類11種

魚類4種

植物54種

鳥類
37種

爬虫類7種

昆虫類39種

図5.2　ワシントン条約と種の保存法

column レッドリストとニホンウナギ

　絶滅のおそれのある種のリストを**レッドリスト**という。レッドリストでは，評価対象とした種の絶滅のリスクをカテゴリー（ランク）で表す。種のリストアップに際しては，急激な衰退，個体数や個体群の少なさ，あるいは推定した絶滅確率（第4章）などが根拠とされる。同じランクに判定されていても，どのような基準によってそのランクに位置づけられているかで保全上の意味は異なる。**レッドデータブック**には種ごとのデータが記載されている。

　日本国内の絶滅危惧種に関しては，国や地方自治体がレッドリストやレッドデータブックを整備している。国レベルの公表されたレッドリスト（環境省，第4次2012年）には，3,597種が絶滅のおそれのある種としてランクを付して指定されている（絶滅危惧 IA・IB 類　2,011種，絶滅危惧 II 類 1,586種）。これらレッドリストは，環境影響評価や地域での保全活動の意義づけなどに利用されている。

　地球規模では**国際自然保護連合（IUCN）**が毎年レッドリストを公表している。

　第4次レッドリスト（2013年2月）で絶滅危惧 IB 類に指定されたニホンウナギを例に，ランク判定についてみてみよう。

　ニホンウナギは，2014年6月に発表された IUCN（国際自然保護連合）のレッドリストにも同じカテゴリーの絶滅危惧 IB 類として記載された。環境省の第4次レッドリストではアマミノクロウサギが，IUCN のレッドリストではジャイアントパンダが絶滅危惧 IB 類に指定されている。ニホンウナギの現状はこれらの種と同じ程度に危機的であると判定されたことになる。しかし，ニホンウナギは値段が高騰しているといえども，今でもシラスウナギが漁獲され，養殖を経て日本人の食卓に上っている。なぜ，それが希少なパンダと同じランクに位置づけられているのだろうか。

　ニホンウナギの個体数や絶滅確率に関してはデータがないため，急激な衰退についての判定がなされた。個体群の大きさ（個体数）の減少に関する判定基準は，「3世代または10年のうち，どちらか長い期間における個体群の大きさの減少率」である。この基準においては，減少の原因が明らかにされており，回復可能と判断される場合には，減少率 90%以上を「絶滅危惧 IA 類」，70%以上を「絶滅危惧 IB 類」，50%以上で「絶滅危惧 II 類」と判定する。それに対して減少の原因が不明または回復の可能性が見込めない場合には，減少率が 80%以上で絶滅危惧 IA 類，50%以上で絶滅危惧 IB 類，30%以上で絶滅危惧 II 類と判定する。ニホンウナギについては減少の原因が特定されていないため後者の数値基準が適用された。

　「3世代（＝30年間）における個体数の減少率」が判定の根拠として用いられ，ニホンウナギ（東アジア）の個体群サイズの変化を直接推定，日本におけるウナギの漁獲量の変化，日本・台湾・中国のシラスウナギ漁獲量の変化，取引価格の推移およ

レッドリストとニホンウナギ

レッドリスト
絶滅のおそれのある種のリスト
環境省が公表している日本のレッドリストやIUCNが公表する地球レベルのレッドリストなどがある。

<日本のレッドリスト>
（環境省，2017年）

カテゴリー	種数
絶滅（EX）	108種
野生絶滅（EW）	16種
絶滅危惧ⅠA類（CR）ⅠB類（EN）	2,043種
絶滅危惧Ⅱ類（VU）	1,591種

トキ
ニホンカワウソ
コウノトリⅠA類
シャープゲンゴロウモドキⅠA類
アマミノクロウサギⅠB類
クマゲラ
アツモリソウ

<世界のレッドリスト>
（IUCN，ver2017-1）

カテゴリー	種数
絶滅（EX）	861種
野生絶滅（EW）	68種
絶滅危惧ⅠA類（CR）	5,241種
絶滅危惧ⅠB類（EN）	7,823種
絶滅危惧Ⅱ類（VU）	11,367種

カモノハシガエル
シフゾウ
スマトラトラ
キンイロアデガエル
ジャイアントパンダ
グレビーシマウマ
ホッキョクグマ　ジュゴン

たくさんの種がリストアップされてるんだね。でもこのランク付けはどうやって決まってるのかな？

ニホンウナギ
絶滅危惧ⅠB類

環境省，IUCNともに絶滅危惧ⅠB類に指定されているニホンウナギを例に，ランクの判定の仕方を見てみましょう。

<種のリストアップの根拠>
急激な衰退，個体数や個体群の少なさ，絶滅確率などでランクを判定。

ニホンウナギの場合，個体数や絶滅確率のデータが少ないため，「急激な衰退」で判定。

減少の原因が特定されておらず「3世代（30年間）における個体数の減少率」が50%以上
→絶滅危惧ⅠB類

ニホンウナギの捕獲量
— 親ウナギ
— 稚魚

び消費動向などから，50%以上の個体数の減少が推測されることから，絶滅危惧ⅠB類とされた。

5.3 ラムサール条約と条約湿地

　ラムサール条約（「特に水鳥の生息地として国際的に重要な湿地に関する条約」：The Convention on Wetlands of International Importance especially as Waterfowl Habitat）は，**湿地の保全**を促進することを目的とした条約で，1971年イランの都市ラムサールで採択された。

　締約国は，自国の領域内にある国際的にみて重要な湿地を指定して，登録簿に条約湿地として掲載。締約国は，条約湿地の保全および湿地の適正な利用（**賢明な利用**）のための計画を作成し，実行する。さらに締約国は，条約湿地であるかを問わず，領域内の湿地に**自然保護区**を設け，湿地および水鳥の保全を促進し，自然保護区の監視を行うことが求められる。

　条約では，湿地を，「天然のものであるか人工のものであるか，永続的なものであるか一時的なものであるかを問わず，さらには水が滞っているか流れているか，淡水であるか汽水であるか鹹水（かんすい，注：塩水のこと）であるかを問わず，沼沢地，湿原，泥炭地又は水域をいい，低潮時における水深が6メートルを超えない海域を含む」ものとして定義している。

　2016年7月現在，締約国は169か国，条約湿地数は2,241湿地である。

　日本は1980年に加盟して釧路湿原を登録した。現在は，環境省が日本の重要な湿地のリスト「**日本の重要湿地500**」のなかから専門家の検討を経て候補地を選定し，自治体等との調整を経て条約湿地として登録する。2015年までに登録された条約湿地は50か所である。そのなかには，湿原（釧路湿原），サンゴ礁・浅海域（慶良間諸島海域），地下水系（秋吉台地下水系），アカウミガメの産卵地（屋久島永田浜），遊水地（渡良瀬遊水地），池沼と水田（蕪栗沼と周辺水田），淡水〜汽水の湖と海水の湾からなる複合水域（三方五湖）など，多様な形態の湿地が含まれている。

　2012年に登録された「円山川下流域・周辺水田」は，コウノトリの野生復帰のとりくみが進められている円山川の下流域を中心に，河口の湾域，人工湿地，水田など，連続した水辺環境を登録しており，河川での国土交通省による自然再生工事，兵庫県と豊岡市での人工湿地の整備（自然再生），耕作放棄田を活用した住民による湿地創出などがとりくまれている。

日本では，次を含む多様な形態の湿地が登録されています。（2015年現在50か所）

図5.3 ラムサール条約と条約湿地

5.4 生物多様性基本法と生物多様性戦略

生物多様性基本法は，2008 年に成立・施行された法律であり，「生物多様性の保全と持続可能な利用に関する施策を総合的・計画的に推進することで，生物多様性を保全し，その恵みを将来にわたり享受できる自然と共生する社会を実現すること」を目的としている。

この基本法には，生物多様性の保全と利用に関する基本原則，**生物多様性国家戦略**の策定，生物多様性白書の作成，国が講ずべき 13 の基本的施策など，日本の生物多様性施策を進めるうえでの基本的な考え方が示されている。国だけではなく，地方公共団体，事業者，国民・民間団体の責務，都道府県および市町村による**生物多様性地域戦略**の策定の努力義務も規定されている。

基本法は，国の生物多様性の保全と持続可能な利用に関するあらゆる政策を総合的，包括的に律するという性格をもち，生物多様性にかかわりのあるあらゆる法律や計画は，この基本法に示された理念や方針に合わせてつくられることが求められる。

生物多様性基本法では，保全と持続可能な利用にあたって，**予防的な取組方法**および**順応的な取組方法**をもって対処すべきことを基本原則として掲げている。保全の推進にあたっては，多様な主体の連携や協働，自発的活動などを重視し，民意を反映するための公正性，透明性のプロセスを重視した政策形成のしくみの活用を図るとし，市民や地域の主体的な参加を重視している。また，生物の多様性の状況の把握や監視，調査の実施やその体制の整備と適切な指標の開発，およびこれにかかわる科学技術の振興のための必要な措置を講ずるとし，科学的なアプローチを尊重している。

なお，これまで国や地方公共団体が実施する公共事業は，生物多様性に影響を及ぼすことが少なくなかった。この基本法は，生物多様性に影響を及ぼすおそれのある事業に関しては**環境アセスメント**（**環境影響評価**）の実施を求めており，2010 年に改正された**環境影響評価法**にはその趣旨が活かされている。

生物多様性国家戦略は，生物多様性条約が締約国にその策定を求めている生物多様性の保全と持続可能な利用に関する計画である。日本の生物多様性国家戦略は，この法律にもとづく国の計画として位置づけられている。

生物多様性基本法（2008年成立，施行）

＜目的＞

生物多様性の保全と持続可能な利用に関する施策を総合的・計画的に推進し，自然と共生する社会を実現すること。

＜基本原則＞

生物多様性の保全 ⬅➡ 持続可能な利用
バランスよく推進

保全や利用に際しての考え方
予防的とりくみ

長期的な視点
将来

順応的とりくみ
モニタリング
検証
計画
仮説

地球温暖化対策との連携

＜責務＞

施策の実施　活動に努める

国　地方公共団体　事業者　国民

基本原則

基本原則に則った

＜年次報告＞

生物多様性白書

白書の作成

＜生物多様性戦略＞

努力義務

国　義務　地方公共団体

豊かな自然共生社会の実現に向けて　生物多様性国家戦略2012-2020

地域戦略

＜基本的施策＞

保全に重点を置いた政策
①地域の生物多様性の保全
②野生生物の種の多様性の保全等
③外来生物等による被害の防止

駆除

持続可能な利用に重点を置いた施策
④国土及び自然資源の適切な利用等の推進
⑤遺伝子など生物資源の適正な利用の推進
⑥生物多様性に配慮した事業活動の推進

代替湿地　　生息地確保

共通する施策
⑦地球温暖化の防止等に資する施策の推進
⑧多様な主体の連携・協働，民意の反映及び自発的な活動の推進
⑨基礎的な調査等の推進
⑩試験研究の充実など科学技術の振興
⑪教育，人材育成など国民の理解の増進

CO₂

事業計画　環境影響評価

⑫事業計画の立案段階等での環境影響評価の推進
⑬国際的な連携の確保及び国際協力の推進

〔環境省Webページより改変〕

図5.4　生物多様性基本法と生物多様性戦略

5.5 外来生物法

　外来種が生物多様性に及ぼす影響が甚大であることから，生物多様性条約は，「生態系，生息地若しくは種を脅かす外来種の導入を防止し又はそのような外来種を制御し若しくは撲滅すること」（第8条h項）を締約国に求めている。

　日本の「特定外来生物による生態系等に係る被害の防止に関する法律」（外来生物法，2005年施行）は，その求めに応じたものである。

　私たちの身のまわりには多くの外来生物がみられるが，そのうち生物多様性や生態系に大きな影響を与えるものを侵略的外来生物と呼ぶ（第3章）。「外来生物法」では，侵略的外来生物のなかから特定外来生物を指定し，輸入を規制したり排除などの対策の対象としている。

　特定外来生物として指定されるのは，外来生物（海外起源の外来種）であって，生態系，人の生命・身体，農林水産業へ被害を及ぼすもの，または及ぼすおそれがあるもののなかからさまざまな社会的な条件も考慮して指定される。なお，特定外来生物は，生きているものに限られ，個体だけではなく，卵，種子，器官なども含まれる。特定外来生物に指定されているのは，影響が目立つもののうちのごく一部である。たとえば，植物では，オオキンケイギク，アレチウリなど16種のみである（2015年現在）。

　特定外来生物に指定されたものについては，①飼育，栽培，保管および運搬することが原則禁止（研究目的などで，適正に管理する施設で飼育・栽培するなど，特別な場合には許可される），②輸入することが原則禁止（許可を受けている者は輸入できる），③野外へ放つ，植えるおよびまくことが原則禁止される。

　野外に放たれたり，逃げ出した特定外来生物は，数を増やし分布を拡大し，在来種の生息・生育を脅かしたり，農林水産業に被害を及ぼすなどの影響をもたらすため，必要に応じて防除が行われている。国は，保護地域や希少種の生息・生育地など全国的な観点から防除を進める優先度の高い地域で防除を実施する。地方公共団体や民間団体などが特定外来生物の防除を行うこともある。

　外来生物法にもとづいて国が実施している対策は，奄美大島や沖縄やんばる地域のマングースなどごく一部の侵略的外来種に限られている。日本では，外来種対策は主にボランティアの市民が担っている（110頁）。

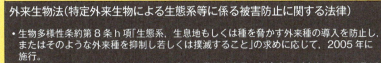

〔環境省 Web ページより改変〕

図 5.5 外来生物法

国の外来種対策：奄美大島のジャワマングース

奄美大島や沖縄のやんばる地域に導入されたジャワマングースはノネコとともに，アマミノクロウサギ，アマミヤマシギ，ヤンバルクイナ，ノグチゲラなどの絶滅危惧種をはじめとする多くの在来種に多大な影響を与えている。マングースに対しては国が外来生物法にもとづく対策を実施している。

奄美大島では，マングースはハブの駆除のために導入され，1980年代に急激に増加し，その捕食により固有の絶滅危惧種が影響を受けるようになった。1990年代には，糞の分析から，アマミノクロウサギやアマミトゲネズミなどが捕食されている証拠が得られた。マングースの密度が高い場所では，これら固有種やアマミヤマシギなどの鳥類が姿を消していることも明らかにされた。

そこで環境省は，奄美野生生物保護センターを拠点として2000年からマングースの防除事業を開始した。事業は順調に進み，マングースは着実に減少し（右図），固有の動物の個体数も回復傾向が明らかである。

この対策には，50名ほどの「奄美マングースバスターズ」が雇用されており，多数の罠を仕掛け，定期的に見回りをして捕殺するなどの手法などがとられた。最近では，低密度になったマングースを効率よく見つけて捕獲するために探索犬とハンドラーが導入されている。事業は，生態系からの完全排除をめざして2022年まで継続されることになっている。

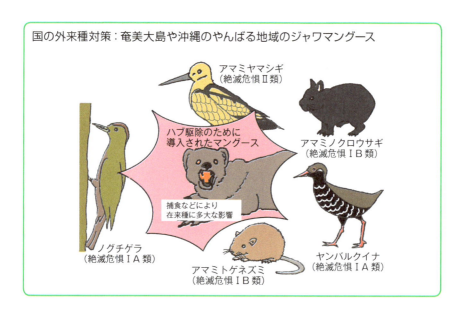

国の外来種対策：奄美大島や沖縄のやんばる地域のジャワマングース

アマミヤマシギ
（絶滅危惧II類）

ハブ駆除のために
導入されたマングース

アマミノクロウサギ
（絶滅危惧IB類）

捕食などにより
在来種に多大な影響

ノグチゲラ
（絶滅危惧IA類）

アマミトゲネズミ
（絶滅危惧IB類）

ヤンバルクイナ
（絶滅危惧IA類）

＜ジャワマングース防除事業の成果（2000年開始）＞

完全排除をめざして!!

推定個体数の変化

推定個体数

95%信頼区間
50%信頼区間

個体数の
着実な減少！

「奄美マングースバスターズ」の結成
罠による捕獲，探索犬の導入により，
マングースを防除。2022年まで継続実施。

捕獲頭数の推移

捕獲頭数
のべなわ数

マングース生息密度の指標
（1,000わな日あたりのマングース捕獲数）

CPUE（頭／1,000わな日）

〔「奄美大島マングース防除事業」（環境省2013）より改変〕

アマミノクロウサギ
全体的に増加
・回復傾向

秋名川

大和川

阿木名川

篠穂川

フン粒数

〔奄美野生生物保護センターWebページより改変〕

111

5.6 自然再生と自然再生推進法

　人間活動の影響を受けて生物多様性の損失や生態系の劣化が急速に進行している今日，健全な生態系を回復させ，生物多様性を保全することは，持続可能な社会を維持するうえでの急務となっている。**生物多様性の保全，健全な生態系の回復**を目的として，適切な人為的干渉・援助を行う生態系の修復事業や実践を日本では**自然再生**と呼んでいる。欧米ではすでに長期にわたるものも含め，多くの自然再生の実践・事業が行われており，生態系の劣化の様態に応じて多様な生態的・社会的手法が用いられている。

　日本でも，自然を再生するとりくみが少なからず実施されている。そのなかには，**自然再生推進法**（2003 年より施行）にもとづいて実施されている事業もある。自然再生推進法は，自然再生事業が「生物多様性の確保」「自然と共生する社会の実現」「地球環境の保全に寄与」などを目的として実施されるべきであるとの理念を提示し，実施者の責務，自然再生の推進に必要な事項などを定めた法律である。自然再生を，「過去に損なわれた河川，湿原，干潟，藻場，里山，里地，森林などの自然環境を取り戻すために，行政，住民，NPO，研究者などが参加しておこなう事業である」と定義しており，行政機関だけではなく多様な関係者（組織）の参加と連携により，科学的知見にもとづき推進され，自然環境学習にも活用されるべきことなどを定めている。

　国は，同法に則って自然再生事業を実施するために必要な事項をまとめた自然再生基本方針を策定している。法律にもとづいて組織される**自然再生協議会**は，自然再生のやや長期的な計画である**全体構想**と具体的な**実施計画**を決めて事業を実施するが，実施計画は環境大臣に提出し，必要に応じて助言を受ける。

　2017 年現在，この法律にもとづいて 25 の自然再生協議会が活動している（図5.6 下）。そのうち，5 つはラムサール条約登録湿地で行われている事業である。国の直轄事業としては，阿蘇の草原再生，大台ヶ原の森林再生，釧路湿原の再生などがある。一方で，民間主導のボトムアップで実施されている事業のひとつが久保川イーハトーブ自然再生事業であり，岩手県一関市で樹木葬墓地を営む寺院が研究所をつくって保全生態学の研究にもとづく外来生物対策，湿地再生などが進められている。

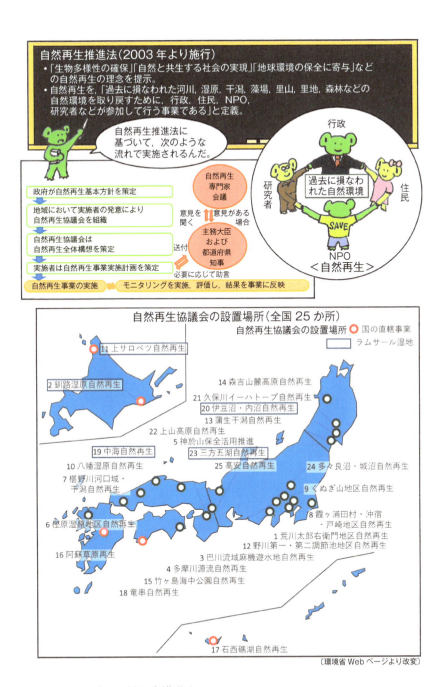

図5.6 自然再生と自然再生推進法

〔環境省 Web ページより改変〕

なお，半自然草原や雑木林など，さとやまの文化的な景観要素の保全・再生の事業は多様な主体が実施している。自然再生事業は，何かを造成，あるいは植栽して終わるような事業ではなく，自然の回復力を重視し，必要に応じて伝統的なかかわりに近い人為的干渉を科学的な根拠にもとづいて加える。また，科学的なモニタリングによる現状把握にもとづき順応的に進めることが求められる。

An Illustrated Guide to Biodiversity

第 **6** 章

生物多様性の保全
（実践の多様性）

世界中で，さまざまな生物の膨大なデータが，日々蓄積されて，公開・利用されているってことだね。

生物多様性の保全のためには，多様な実践とデータの収集が必要。
それらは市民が主体となって進められている。

6.1 生物多様性保全と市民科学

　地域の住民が身近な自然を守る活動のために科学的な調査を行うことは社会的な意義が大きい。今日，生物多様性の保全に必要な自然誌や生態学の研究に使われるデータの収集も多くが市民によって担われている。情報技術が進歩した現在では，集めたデータがデータベースとして Web で公開されることも多い。

　2015 年の調査では，欧米では，390 近い数の**市民科学プロジェクト**が実施されており，130 万人のボランティアが参加していた。それら市民科学プロジェクトで得られたデータは，鳥類学，生態学，気候変動などの科学研究に利用され，これらの分野の科学に大きく貢献している。**情報技術**の発展により，データの記録・収集・データベース化・公開などが行いやすくなったことが，現在の市民科学の隆盛に寄与している。情報学分野では，**市民参加**による情報収集は，**クラウドソーシング**と呼ばれ，重要な研究分野ともなっている。

　国や地方の行政組織，研究機関，博物館，NGO，自然保護団体などは，生物多様性に関する政策の立案や実行などで市民科学のデータに依存している。すなわち，生物多様性の保全に関する政策・計画・実行は，**市民科学**への依存度がとくに高い分野である。

　市民科学プロジェクトへの参加者にとってのメリットとしては，観察の楽しみに加え，科学リテラシーを高め，生涯を通じて科学教育を受け続けることができること，科学に直接貢献ができることなどを挙げることができるだろう。

　もっとも大きな国際的なプロジェクトのひとつが **eBird** である。世界中の参加者により毎月 500 万件にものぼる野鳥の観察データが集められており，そのデータはリアルタイムで公開されている。

　日本でも市民科学の歴史は長いが，生物多様性の保全に寄与することを主な目的として実施されているプログラムとしては，侵略的外来生物セイヨウオオマルハナバチのモニタリングプログラム，NPO 日本自然保護協会が毎年テーマを決めて実施している「自然しらべ」（データの公開はない）などがある。2017 年には絶滅リスクが高まっているニホンウナギが調査対象とされた。

図 6.1 生物多様性保全と市民科学

都市の人口が世界の人口の60%を超えた現在，都市の住民が生物多様性に目を向ける機会はきわめて重要である。

市民参加型生物多様性モニタリングプログラム研究として実施されている「東京蝶モニタリング」は，環境意識の高い組合員を多く擁する生活協同組合「パルシステム東京」と東京大学の保全生態学研究室（現在は中央大学），情報学の研究室である喜連川研究室の三者が協力して2009年から実施されている市民科学プログラムである。パルシステム東京の組合員のべ300名以上がモニター（調査者）としてチョウのデータを収集している（http://butterfly.tkl.iis.u-tokyo.ac.jp/）。

このプログラムの特徴は，チョウの同定に自信のない初心者でも，写真を添付しWebを介してデータを報告すれば，専門家の同定により対象生物の種名を知ることができるところにある。すなわち，情報学の視点からは**クラウドソーシング**によるデータ収集であるが，参加者がチョウの同定を学習できることがインセンティブになる。

報告項目と調査者の報告からデータベースへのデータ投入を介したデータ公開までの流れの概要を図に示した。

プログラムでは，毎年春にモニター（調査者）を募集し，任意で研修会に参加したうえで，「調査マニュアル」に沿って調査を実施する。都合のよい時間帯に東京都内（小笠原を除く全域）の随意の空間範囲でチョウの調査を行ってWeb上のデータアップロードツールを使って報告する。個人ページに入力し，チョウの写真を付してアップロードする。データベースに登録された画像から専門家が同定を行い，種名に間違いがあれば修正してデータベースを更新する。その修正が個人ページにも反映されることで，調査者は正しい種名を学ぶことができる。

専門家のチェックを経た「品質管理済みのデータ」は，誰もが利用可能なデータベースとしてWebで公表されている。それは，現在の東京の蝶相をもっともよく反映したものとなっており，科学的な分析・評価に用いることができる。データにもとづき，東京でもっとも多く見られるチョウが**ヤマトシジミ**であること，温暖化・ヒートアイランド化の影響を受けて，**ツマグロヒョウモン**など，かつては東京で見ることができなかった南方系のチョウが次第に優占度を強めていること，地域によっては外来系統の**アカボシゴマダラ**が個体数を増加させつつあることなどがわかる。

2016年には，収集されたデータを用いて電子媒体でも紙媒体でも利用できるネイチャーガイド（http://www.palsystem-tokyo.coop/work/eco/item/natureguide.pdf）を編纂して発行した。

東京蝶モニタリング

<市民参加型生物多様性モニタリングプログラムの流れ>

成果情報の共有

情報学

東京大学
生産技術研究所
喜連川研究室

データベースの
構築・公開

「品質管理済みのデータ」
をWeb上に公表

保全生態学

中央大学
保全生態学
研究室

データの精査
・分析

専門家が同定を行い,
必要があれば修正

研修会へ
の参加

生活協同組合
パルシステム東京
のべ300名以上が
モニター登録

「調査マニュアル」
に沿って調査実施

Web上のデータアップロード
ツールを使って報告

<データから得られた成果の例>
収集された画像データなどを
用いたネイチャーガイドの編纂

ネイチャーガイド
東京のチョウ

国外外来種
アカボシゴマダラ

在来種ゴマダラチョウに
置き換わるように急増

ツマグロヒョウモン

急増するパンジーを食草と
する南方系のチョウ

ヤマトシジミ

東京でもっとも多く
見られるチョウ

このしくみなら,
調査者は,初心者でも
正しい種名を学ぶこと
ができるし,一人では
難しい大量のデータを
集めることができて,
いろいろなことがわ
かるね。

〔「ネイチャーガイド東京のチョウ」より引用〕

119

6.2 絶滅危惧種の保全と 再導入・再野生化

　すでに地域から絶滅した種を再導入して野生化するためのとりくみも各地で行われている。英国における**アリオンゴマシジミの再導入**は，その成功例のひとつである。

　南イングランドのアリオンゴマシジミ（*Maculinea arion*　英名 large blue，以下アリオン）は，いったんは地域から絶滅したが，その理由を科学的に明らかにできたため，再導入に成功した。美しい水色のこのシジミチョウについては，19 世紀から自然愛好家がその減少を危惧し，保護の対象にされていた。しかし，その対策は，保護区を設置し，家畜とヒトをそこから締め出すというものであった。このチョウの生態を十分に理解しないままに実施されたこのような**保護策**は，むしろ絶滅のリスクを高めることになり，アリオンは 1979 年にこの地域から絶滅した。アリとの生物間相互作用が鍵となる，その特異な生態の解明が遅れたため，絶滅を防ぐことができなかったのである。

　このチョウは，アリ（*Myrmica sabuleti*）と特別な**生物間相互作用**により生活史を成り立たせている。**食草**は野生のタイムの花芽であるが，それを食べるだけでは幼虫は栄養不足で十分に成長できない。アリの幼虫を食べて栄養を補う必要がある。タイムの植物体上で働きアリと出会うと，アリオンの幼虫は甘露を出し，巣に運び込ませる。甘露とアリどうしの**化学コミュニケーション**を欺くにおいを使うことで，運がよければ巣のなかで殺されることなくアリの幼虫を食べて育つ。

　この地域には *Myrmica* 属のアリが 4 種生息しているが，アリオンがうまく欺くことができるのは *Myrmica sabuleti* のみである。別種のアリには見破られて殺されてしまう。これら 4 種のアリの間では，生息に必要なシバ（イネ科植物の総称）の条件が異なるが，アリオンが依存する *M. sabuleti* は，シバが 1 〜 3 cm 程度の高さで地表面温度が高いことが生息のための条件となる。したがって，シバを低い草丈に保つ家畜の採食がない場合にはアリオンは生息できない。その知識がないまま，保護区から家畜を締め出したことは，むしろアリオンの絶滅を早めることにつながったのである。1950 年には推定 10 万匹が生息していたアリオンは，1972 年には 250 個体となり，2 年間干ばつが続いた

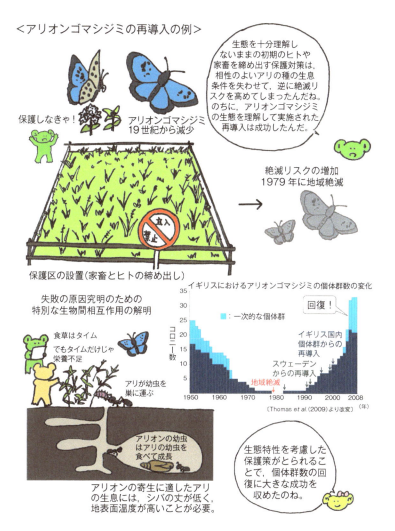

図 6.2 絶滅危惧種の保全と再導入・再野生化

のち1979年に絶滅した。250個体は存続可能な個体数以下であったため，干ばつという大きな環境変動に耐えられずに絶滅したと推測される。その後，北欧の個体群から1984年に再導入による**個体群再生プロジェクト**が開始され，生態特性を考慮した保護策がとられたことで大きな成功を収めている。2016年には成虫の個体数が1万を超え，これまでの80年間でもっとも大きな個体群となった。

6.3 コウノトリ（東アジア個体群の再生）

コウノトリは，見る人の心を強く惹きつけ，翼を広げると2mにもなる大きな鳥で，万葉集にも何首か歌が詠まれている。しかし，農薬の影響や営巣に適したマツの木がなくなるなどのいくつかの要因が重なり，1980年代に日本に野生で生息する個体は見られなくなった。その後も時折シベリアなどから日本に渡ってくるコウノトリはいたものの，生息に必要な環境条件が失われていた。

地域における長い保全活動の経験をもつ兵庫県豊岡市は，2000年代になると，コウノトリの**野生復帰**のとりくみを**環境保全型農業**や**環境産業の振興**と結びつけて発展させた。ロシアから譲り受けたコウノトリをもとに増殖させる努力を続け，増えたコウノトリを再び野生にもどすための最初の**放鳥**（飼育した鳥を野生に放すこと）を2005年に成功させた。2年後には野外での繁殖も確認され，さらなる放鳥も含めてコウノトリは着実に数を増やし，2017年には約100羽以上の野生のコウノトリが豊岡市とその周辺に生息するまでになった。その後，コウノトリは，分散移動をくり返し日本各地にその分布が広がる兆しがある。

豊岡市では，いくつかのタイプの湿地再生が進められている。そのひとつは，水田をかつてのようにコウノトリの餌場とするための「コウノトリ育む」農法である。この農法は，できるだけ長い期間田んぼに水を張り，また農薬や化学肥料の使用を抑制することで，コウノトリの餌ともなる多くの生き物の生息条件を確保し，広く生物多様性の保全に寄与する。魚には，魚道を設けて川と水田の間を行き来できるようにし，オタマジャクシがカエルになって出て行く頃まで中干し（稲の成長途上で水田からいったん水を抜くこと）を延期することなども含め，水田とそのまわりの「湿地」として機能の向上に努めている。コウノトリによる米のみならず多くの産品のブランド化にも成功するとともに，観光客を集めることを通じて地域の経済にも大きく貢献している。さらに，河川整備事業や湿地公園の整備などにおいてもコウノトリが餌を採れる条件が広がった。

コウノトリをシンボルとした生物多様性に目を向けた地域づくりは，福井県越前市，千葉県野田市などでもとりくまれ，野生復帰をめざした放鳥も行われている。豊岡で増殖したコウノトリやこれらの地域で放鳥されたコウノトリは，日本各地への飛来のみならず，韓国の地域と往来するものもあり，いったんは

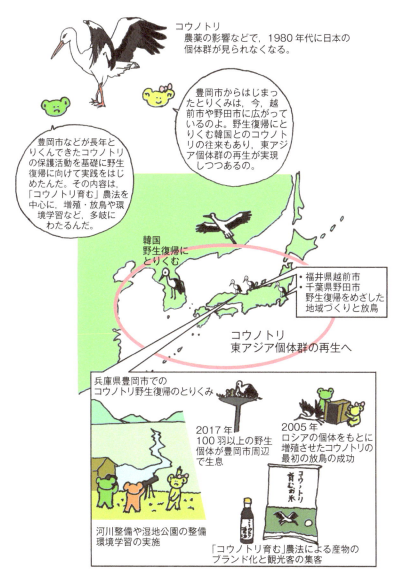

コウノトリ
農薬の影響などで，1980年代に日本の
個体群が見られなくなる。

豊岡市からはじまっ
たとりくみは，今，越
前市や野田市に広がって
いるのよ。野生復帰にと
りくむ韓国とのコウノト
リの往来もあり，東アジ
ア個体群の再生が実現
しつつあるの。

豊岡市などが長年と
りくんできたコウノトリ
の保護活動を基礎に野生
復帰に向けて実践をはじ
めたんだ。その内容は，
「コウノトリ育む」農法を
中心に，増殖・放鳥や環
境学習など，多岐に
わたるんだ。

韓国
野生復帰に
とりくむ

・福井県越前市
・千葉県野田市
野生復帰をめざした
地域づくりと放鳥

コウノトリ
東アジア個体群の再生へ

兵庫県豊岡市での
コウノトリ野生復帰のとりくみ

2017年
100羽以上の野生
個体が豊岡市周辺
で生息

2005年
ロシアの個体をもとに
増殖させたコウノトリの
最初の放鳥の成功

河川整備や湿地公園の整備
環境学習の実施

「コウノトリ育む」農法による産物の
ブランド化と観光客の集客

図6.3 コウノトリ（東アジア個体群の再生）

衰退したコウノトリの東アジア個体群の再生が実現しつつある。放鳥コウノト
リには発信器がつけられており，そのデータからは，並外れた空間利用能力が
明らかにされている。

6.4 土壌シードバンクを活用した自然再生事業

　自然再生は，生態学の野外実験ともなるように**仮説**を立ててそれにもとづいて**計画**し，**モニタリング**を通じて**仮説の検証**をする「**順応的な管理**」の手法により進めることが望ましい。そのような事業としては，国土交通省が2000年代初頭に実施した霞ヶ浦の**湖岸植生帯再生事業**がある。その事業は，土壌シードバンクを用いた湖岸植生の再生の生態系レベルでの実験としての意味をもつ。

　湖岸植生帯再生事業は，コンクリート護岸ですっかり囲まれて失われたヨシ原や水草帯などの湖岸の植生帯を回復させることを目的として実施された。直立護岸の湖側に変化に富んだ微地形をもつ緩傾斜の浜を造成し，そこに湖の底から採取された浚渫土を薄くまいた（図6.4）。湖底の泥中には水草や湿地の植物の生きたタネが多く含まれている。そのようなタネの貯蔵庫，シードバンクを植生回復に活用するとともに，科学的な面からは，土壌シードバンクに関する生態学的な知見の拡充と，その植生再生への利用性を確かめるという意義があった。

　工事後10年余りにわたって**モニタリング**が実施された。その結果からは，土壌シードバンクに関する知見にもとづいて予想されていたことがほぼすべて確かめられ，土壌シードバンクの生態についての確かな知見の確立に寄与した。工事後，植生は予想どおり速やかに再生し，シードバンクが植生の再生にとって有効であることが証明された。数十年間，水辺で見られなかった水生植物が復活したことから，タネが長期にわたって湖底の泥のなかで生きつづけていたことがわかった。

　植生帯の再生事業では，造成された地形を守るためにいろいろなタイプの波よけがつくられた。そのなかには，石積みのものもあれば，木の枠組みのなかに粗朶（雑木の枝）を詰めたものもある。それらは，いずれもそれぞれに波よけの役割を果たしたが，粗朶は台風などの波で一部が脱けて流出し，モニタリング結果はその効果が時間とともに減退することを明らかにした。計画を立てた当初，植生が回復して湖岸が安定すれば波よけはその役割を終えるので，波よけは10年程度維持されれば十分であると予想されていた。しかし，その予

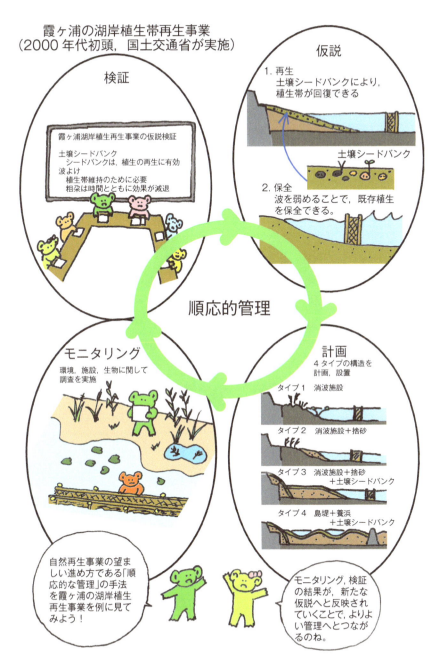

図 6.4 土壌シードバンクを活用した自然再生事業①―霞ヶ浦の湖岸植生帯再生事業

想に反して，現在でも，湖の物理的条件はアサザなど湖岸植生にとっては思いのほか厳しく，植生帯を維持するためには多くの場所で波よけが欠かせないことがわかった。温帯の植物にとっては，低温期である冬季は生理的にもっともストレスのかかる時期であり，代謝活動が大幅に低下し，物理的破壊力に対して脆弱である。しかも，冬から春先にかけては季節風で波浪が激しい。霞ヶ浦では，その期間に計画的に高い水位が維持されており，植生破壊作用が大きすぎることが回復を難しくしていると思われる。

　一方，土壌シードバンクから初期に再生した水生植物は，遷移が進むにつれて生育環境の変化により消失した。しかし，初期にみられた種子生産を通じて土壌シードバンクには新たなタネが補充されている。時折，新たな水域を造成するなどの人為的な撹乱を加えることで，水生植物の植物体とタネの両方を維持することができると思われる。

　土壌中に埋蔵されているタネを発掘して過去の植生を蘇らせることから「植生発掘」ともいえる（図6.5）。この技術は，栃木県，茨城県，埼玉県，千葉県にまたがる渡良瀬遊水地や愛知県の葦毛湿原などの湿原再生にも利用され，その効果が確かめられている。

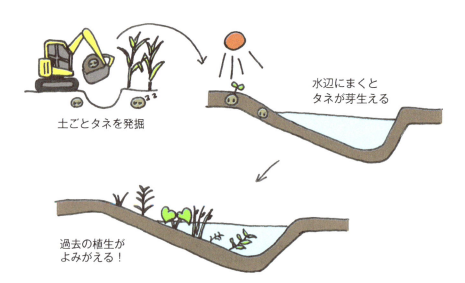

土ごとタネを発掘

水辺にまくと
タネが芽生える

過去の植生が
よみがえる！

図 6.5　土壌シードバンクを活用した自然再生事業②—植生発掘

参 考 文 献

全体を通じた参考文献

日本生態学会 編，生態学入門 第2版，東京科学同人（2012）

鷲谷いづみ，〈生物多様性〉入門，岩波書店（2010）

鷲谷いづみ，生態学 – 基礎から保全へ，培風館（2016）

鷲谷いづみ，大学1年生の なっとく！生態学，講談社（2017）

鷲谷いづみ・後藤章(絵)，絵でわかる生態系のしくみ，講談社（2008）

鷲谷いづみ・矢原徹一，保全生態学入門 – 遺伝子から景観まで，文一総合出版（1996）

第 1 章　生物多様性ってなに？

1.1　生物多様性とは
鷲谷いづみ，〈生物多様性〉入門，岩波書店（2010）

1.2　種内の多様性（遺伝的多様性）
鷲谷いづみ，〈生物多様性〉入門，岩波書店（2010）

1.3　種の多様性
鷲谷いづみ・矢原徹一，保全生態学入門 – 遺伝子から景観まで，文一総合出版（1996）

The Angiosperm Phylogeny Group, *An update of the Angiosperm Phylogeny Group classification for the orders and families of flowering plants : APG III, Botanical Journal of the Linnean Society*, 161（2）: 105-121（2009）

column　種の多様性の表し方

鷲谷いづみ，〈生物多様性〉入門，岩波書店（2010）

column　多様度指数

鷲谷いづみ・矢原徹一，保全生態学入門 – 遺伝子から景観まで，文一総合出版（1996）

1.4　生態系の多様性
鷲谷いづみ，〈生物多様性〉入門，岩波書店（2010）

1.5　バイオームと人為的改変
鷲谷いづみ・後藤章(絵)，絵でわかる生態系のしくみ，講談社（2008）

ミレニアム生態系評価：http://www.millenniumassessment.org/en/index.html

1.6　生物多様性を保全すべき理由
鷲谷いづみ，〈生物多様性〉入門，岩波書店（2010）

column　生物模倣技術隆盛時代

鷲谷いづみ，〈生物多様性〉入門，岩波書店（2010）

1.7　生態系サービス
鷲谷いづみ，生態学 – 基礎から保全へ，培風館（2016）

column　生物多様性が生態系サービスに寄与する理由

鷲谷いづみ，生態学 – 基礎から保全へ，培風館（2016）

column　生態系サービスの経済評価

ミレニアム生態系評価：http://www.millenniumassessment.org/en/index.html

1.8　ミレニアム生態系評価とシナリオによる予測

ミレニアム生態系評価：http://www.millenniumassessment.org/en/index.html

第 2 章　生物多様性の形成と維持

2.1　生命の歴史と生物の多様化

日本生態学会 編，生態学入門 第 2 版，東京科学同人（2012）

吉里勝利，スクエア最新図説生物 neo，第一学習社（2015）

D. パーマー 編，恐竜・先史時代の動物百科（上原ゆうこ訳），原書房（2015）

西田治文，化石の植物学，東京大学出版会（2017）

2.2　多様化は生物の遺伝・進化の必然

D. サダヴァほか，カラー図解 アメリカ版 大学生物学の教科書 第 2 巻 分子遺伝学（石崎泰樹・丸山敬 訳），講談社（2010）

2.3　自然選択による適応進化

鷲谷いづみ，大学 1 年生の　なっとく！生態学，講談社（2017）

C. パターソン，現代進化学入門（馬渡峻輔ほか訳），岩波書店（2001）

column　自然選択による適応進化の実例

鷲谷いづみ，大学 1 年生の　なっとく！生態学，講談社（2017）

column　ダーウィンと生物多様性

C. ダーウィン，種の起源 上・下（渡辺政隆 訳），光文社（2009）

2.4　種分化とエコタイプ

日本生態学会 編，生態学入門 第 2 版，東京科学同人（2012）

column　保全単位

鷲谷いづみ 編，サクラソウの分子遺伝生態学，東京大学出版会（2006）

2.5　生物間相互作用と生物多様性

鷲谷いづみ，大学 1 年生の　なっとく！生態学，講談社（2017）

2.6　競争に抗して多種共存を可能にするのは

鷲谷いづみ，大学 1 年生の　なっとく！生態学，講談社（2017）

2.7　モザイク環境と撹乱：さとやまの生物多様性とヒト

鷲谷いづみ，さとやま – 生物多様性と生態系模様，岩波書店（2011）

第 3 章　生物多様性の危機と人間活動

3.1　生命史第六番目の大量絶滅

鷲谷いづみ，生態学 – 基礎から保全へ，培風館（2016）

3.2 現代の絶滅リスクの高まり

IUCN RED LIST：http://www.iucnredlist.org/

column　大型哺乳類の大量絶滅

A. D. Barnosky, *Megafauna biomass tradeoff as a driver of Quaternary and future extinctions.*, *PNAS*, 25：303-319（2008）

3.3　地球環境の限界を超えた「生物多様性の損失」

J. Rockstrom *et al.*, *A safe operating space for humanity*, *Nature*, 476：472-475（2009）

3.4　絶滅どころか蔓延する種

鷲谷いづみ，生態学 – 基礎から保全へ，培風館（2016）

3.5　乱獲・過剰採集

海部健三，ウナギの保全生態学，共立出版（2016）

水産庁：http://www.jfa.maff.go.jp/index.html

3.6　絶滅をもたらすハビタットの分断・孤立化

環境省 生物多様性総合評価検討委員会，生物多様性総合評価報告書（2010）

3.7　外来生物の影響

鷲谷いづみ，生態学 – 基礎から保全へ，培風館（2016）

column　カエルの受難：オレンジヒキガエルの絶滅

鷲谷いづみ・後藤章(絵)，絵でわかる生態系のしくみ，講談社（2008）

IUCN Amphibian Specialist Group：http://www.amphibians.org/

第 4 章　絶滅のプロセスとリスク

4.1　絶滅に向かう過程と小さな個体群

鷲谷いづみ，生態学 – 基礎から保全へ，培風館（2016）

4.2　小さな個体群の絶滅リスク

鷲谷いづみ，大学 1 年生の　なっとく！生態学，講談社（2017）

column　決定論的要因と確率論的要因：植物の場合

鷲谷いづみ，大学 1 年生の　なっとく！生態学，講談社（2017）

column　アリー効果のいろいろ

日本生態学会 編，生態学入門 第 2 版，東京科学同人（2012）

column　近交弱勢の主要な原因：有害遺伝子の発現

鷲谷いづみ，生態学 – 基礎から保全へ，培風館（2016）

column　絶滅の渦

日本生態学会 編，生態学入門 第 2 版，東京科学同人（2012）

W. E. Johnson, *Genetic Restoration of the Florida Panther*, *Science*, 24：1641-1645（2010）

第 5 章　生物多様性の保全（制度）

5.1　生物多様性条約

生物多様性：http://www.biodic.go.jp/biodiversity/index.html

5.2　ワシントン条約と種の保存法

経済産業省：http://www.meti.go.jp/

環境省：http://www.env.go.jp/index.html

column　レッドリストとニホンウナギ

レッドリスト 2017（環境省内）：http://www.env.go.jp/press/103881.html

WWF Japan：https://www.wwf.or.jp/

海部健三，ウナギの保全生態学，共立出版（2016）

5.3　ラムサール条約と条約湿地

ラムサール条約（環境省内）：http://www.env.go.jp/nature/ramsar/conv/index.html

5.4　生物多様性基本法と生物多様性戦略

生物多様性：http://www.biodic.go.jp/biodiversity/index.html

5.5　外来生物法

外来生物法（環境省内）：https://www.env.go.jp/nature/intro/1law/index.html

column　国の外来種対策：奄美大島のジャワマングース

環境省，世界でたったひとつの奄美を守る奄美大島マングース防除事業（2013）

5.6　自然再生と自然再生推進法

自然再生推進法（環境省内）：http://www.env.go.jp/nature/saisei/law-saisei/

第 6 章　生物多様性の保全（実践の多様性）

6.1　生物多様性保全と市民科学

eBird：http://ebird.org/content/ebird/

column　東京蝶モニタリング

いきもに：http://butterfly.diasjp.net/

6.2　絶滅危惧種の保全と再導入・再野生化

鷲谷いづみ，生態学 – 基礎から保全へ，培風館（2016）

J. A. Thomas *et al.*, *Successful conservation of a threatened Maculinea butterfly, Science*, 325（5936）：80-3（2009）

6.3　コウノトリ（東アジア個体群の再生）

鷲谷いづみ 編，コウノトリの贈り物，地人書館（2007）

鷲谷いづみ，コウノトリの翼，山と渓谷社（2014）

6.4　土壌シードバンクを活用した自然再生事業

鷲谷いづみ ほか，保全生態学の技法，東京大学出版会（2010）

霞ヶ浦河川事務所「霞ヶ浦湖岸植生帯の緊急保全対策評価報告書」

http://www.ktr.mlit.go.jp/kasumi/kasumi_index029.html

利根川上流河川事務所「湿地保全・再生」

http://www.ktr.mlit.go.jp/tonejo/tonejo_index027.html

鷲谷いづみ，「植生発掘！」のすすめ，保全生態学研究 2：2-7（1997）

索引

著者紹介

鷲谷いづみ（理学博士）

　　1972 年　東京大学理学部卒業

　　1978 年　東京大学大学院理学系研究科博士課程修了

　　現　在　東京大学名誉教授

画家紹介

後藤　　章（環境科学修士）

　　1997 年　千葉大学理学部卒業

　　1999 年　筑波大学大学院環境科学研究科修士課程修了

　　2006 年　東京大学大学院農学生命科学研究科博士課程単位取得退学

　　現　在　高尾の森自然学校（運営：一般財団法人 セブン-イレブン
　　　　　　記念財団）スタッフ

NDC468　　　143p　　　21cm

絵でわかるシリーズ

絵でわかる生物多様性

　　　　　2017 年　9 月 20 日　第 1 刷発行
　　　　　2023 年　8 月 3 日　第 4 刷発行

著　　者　鷲谷いづみ

作　　画　後藤　章

発行者　　髙橋明男

発行所　　株式会社 講談社　　　　　　　KODANSHA

　　　　　〒112-8001　東京都文京区音羽 2-12-21
　　　　　　　販　売　（03）5395-4415
　　　　　　　業　務　（03）5395-3615

編　　集　株式会社 講談社サイエンティフィク

　　　　　代表　堀越俊一

　　　　　〒162-0825　東京都新宿区神楽坂 2-14　ノービィビル
　　　　　　　編　集　（03）3235-3701

本文データ制作
カバー・表紙印刷　株式会社双文社印刷

本文印刷・製本　株式会社KPSプロダクツ

ISBN978-4-06-154782-7